# 튜링이 들려주는 암호 이야기

초판 1쇄 발행일 | 2008년 2월 19일
초판 25쇄 발행일 | 2024년 9월 1일

지은이 | 박철민
펴낸이 | 정은영

펴낸곳 | (주)자음과모음
출판등록 | 2001년 11월 28일 제2001-000259호
주소 |10881 경기도 파주시 회동길 325-20
전화 | 편집부 (02)324-2347, 경영지원부 (02)325-6047
팩스 | 편집부 (02)324-2348, 경영지원부 (02)2648-1311
e-mail | jamoteen@jamobook.com

ISBN 978-89-544-1551-4 (04410)

수학자가 들려주는 수학 이야기 10

# 튜링이 들려주는 암호 이야기

| 박 철 민 지음 |

(주)자음과모음

## 수학자라는 거인의 어깨 위에서
# 보다 멀리, 보다 넓게 바라보는 수학의 세계!

수학 교과서는 대개 '결과' 로서의 수학을 연역적으로 제시하는 경향이 강하기 때문에 학생들은 수학이 끊임없이 진화해 왔다는 생각을 하기 어렵습니다. 그렇지만 수학의 역사는 하나의 문제가 등장하고 그에 대해 많은 수학자가 고심하고 이를 해결하는 가운데 새로운 아이디어가 출현해 온 역동적인 과정입니다.

〈수학자가 들려주는 수학 이야기〉 시리즈는 수학 주제들의 발생 과정을 수학자들의 목소리를 통해 친근하게 이야기 형식으로 들려주기 때문에 학생들이 수학을 '과거 완료형' 이 아닌 '현재 진행형' 으로 인식하는 데 도움이 될 것입니다.

학생들이 수학을 어려워하는 요인 중 하나는 '추상성' 이 강한 수학적 사고의 특성과 '구체성' 을 선호하는 학생들 사고 사이의 괴리입니다. 이런 괴리를 줄이기 위해 수학의 추상성을 희석시키고 수학의 개념과 원리에 구체성을 부여하는 것이 필요한데, 〈수학자가 들려주는 수학 이야기〉는 수학 교과서의 내용을 생동감 있게 재구성함으로써 추상적인 수학을 구체성을 갖는 수학으로 변모시키고 있습니다. 또한 중간중간에 곁들여진 수학자들의 에피소드는 자칫 무료해지기 쉬운 수학 공부에 윤활유 역할을 해 줍니다.

〈수학자가 들려주는 수학 이야기〉의 구성을 보면 우선 수학자의 업적을 개략적으로 소개하고, 6~9개의 수업을 통해 수학의 내적 세계와 외적 세계, 교실의 안과 밖을 넘나들며 수학의 개념과 원리들을 소개한 뒤, 마지막으로 수업에서 다룬 내용들을 정리합니다. 따라서 책의 흐름을 따라 읽다 보면 각 시리즈가 다루고 있는 주제에 대한 전체적이고 통합적인 이해를 할 수 있을 것입니다.

〈수학자가 들려주는 수학 이야기〉는 학교에서 배우는 수학 교과 과정과 긴밀하게 맞물려 있으며, 전체 시리즈를 통해 학교 수학의 많은 내용을 다룹니다. 예를 들어 《라이프니츠가 들려주는 기수법 이야기》는 수가 만들어진 배경, 원시적인 기수법에서 위치적인 기수법으로의 발전 과정, 0의 출현, 라이프니츠의 이진법에 이르기까지 기수법에 관한 다양한 내용을 다루고 있는데, 이는 중학교 1학년 수학 교과서의 기수법 내용을 충실히 반영합니다. 따라서 〈수학자가 들려주는 수학 이야기〉를 학교 수학 공부와 병행하여 읽는다면 교과서 내용을 보다 빨리 소화, 흡수할 수 있을 것입니다.

뉴턴은 '만약 내가 멀리 볼 수 있었다면 거인의 어깨 위에 앉았기 때문이다'라고 했습니다. 과거의 위대한 사람들의 업적을 바탕으로 자기 앞에 놓인 문제를 보다 획기적이고 효율적으로 해결할 수 있었다는 말입니다. 학생들이 〈수학자가 들려주는 수학 이야기〉를 읽으면서 위대한 수학자들의 어깨 위에서 보다 멀리, 보다 넓게 수학의 세계를 바라보는 기회를 갖기 바랍니다.

홍익대학교 수학교육과 교수 | 《수학 비타민》 저자 박 경 미

책머리에

## 세상 진리를 수학으로 꿰뚫어 보는 맛
## 그 맛을 경험시켜주는 '튜링의 암호' 이야기

암호를 소개하는 글을 시작하려고 하니, 문득 얼마전 KBS에서 방영되었던 사극 '대조영' 에서 고구려의 멸망 장면이 떠올랐습니다. 한때는 당나라까지 위협했던 강국이었지만, 지도층의 분열과 드라마상에서 내부 첩자가 성문을 열어주는 바람에 백성과 군인들이 혼신을 다해 지키던 고구려가 결국 멸망하는 장면이었습니다. 그 장면을 보면서 첩자만 미리 잡았더라면 고구려가 더 버텨낼 수 있었을 텐데라고 안타까워하던 기억이 납니다.

1차 대전 때 영국은 당시 미국과 적대관계에 있던 멕시코에 대한 지원을 내용으로 하는 독일군의 암호를 해독함으로써 중립적인 입장을 취하던 미국을 참전시킬 수 있었습니다. 이것을 계기로 전쟁은 영국을 포함한 연합군의 승리로 끝날 수 있었습니다. 또한 2차 대전 때 미국은 일본의 암호를 해독함으로써 일본함대나 비행기들의 이동경로를 미리 파악하여 이에 대처함으로써 전쟁을 승리로 이끌 수 있었습니다. 이와 같이 과거에 지금과 같은 암호해독이 가능했다면 고구려 때와 같은 상황이 오더라도 첩자들의 암호를 해독함으로써 힘없이 나라가 멸망하는 것을 막을 수 있었을지도 모르는 일입니다.

암호는 현재 인터넷에서도 중요한 역할을 하고 있습니다. 인터넷이라는 것을 이용하여 지구 반대편에 있는 어떤 사람과도 자유롭게 정보를 주고 받을 수 있습니다. 그러나 어느 누구와도 정보를 쉽게 공유할 수 있다는 장점이 있는 반면, 그 사람에 대한 신뢰도가 필요하게 되었습니다. 처음 보는 사람뿐만 아니라 그 사람의 신원에 대한 어떤 정보도 확인할 수 없는 신원을 확인할 수 있다고 하여도 위조된 신원일 수 있는 상황에서는 아무 사람이나 무턱대고 믿을 수는 없기 때문입니다. 그러므로 암호는 인터넷에서 신원확인과 정보보호에 관한 역할을 담당하고 있습니다.

현재 다양한 암호들이 현대 수학을 이용하여 만들어지고 있는 반면, 새로운 수학적 방법들을 이용하여 기존 암호들의 약점들이 밝혀지고 있습니다. 암호란 결국 수학에서 특이한 성질을 갖는 함수로써 수학과는 떨어뜨려서 설명할 수 없습니다. 비록 암호에 들어가 있는 모든 수학들을 쉽게 설명할 수는 없겠지만, 기초적인 수학이 사용된 고전 암호에서부터 비교적 현대 수학이 들어가 있는 현대 공개키 암호까지 가능한 쉽게 다루어 볼까 합니다.

암호는 수학의 실생활 활용 예인 교육자료로도 사용될 수 있을 것입니다. 처음에 제가 이 책을 쓰게 된 동기도 암호를 수학교육자료로 활용을 하면 재미있겠다는 생각에서였습니다. 이 책을 통해서 암호에 들어가 있는 수학을 생생하게 느끼며 공부할 수 있었으면 좋겠습니다. 또한 여러 문제상황을 통해서 그 문제를 풀기 위해 암호가 혹은 수학이 어떻게 사용될 수 있는지를 스스로 생각해 보고 책의 해결방법을 읽어나가면 더 재미있을 것입니다.

아무리 어려운 수학이 들어가 있을지라도 암호해독은 결국 낱말퍼즐풀이에 불과합니다. 왜냐하면 암호는 일상적인 말이나 글을 어떤 규칙에 의해서 바꾼 것이기 때문입니다. 우리가 그 규칙을 완벽히 모른다고 하여도 우리의 기발한 상상력으로 암호를 해독할 수도 있을 것입니다.

수학공부도 마찬가지라고 생각합니다. 수학에서의 모든 규칙들을 완벽하게 모른다고 하여도 수학문제를 풀 수 있는 경우도 있습니다. 먼저 규칙을 이해한 후 수학이라는 게임에 임할 수도 있지만, 수학게임을 즐기면서 그 규칙을 하나씩 깨우쳐 나갈 수도 있을 것입니다. 부디 이 책을 통해서 수학이라는 게임을 즐기게 되기를 바랍니다.

2008년 2월 박철민

# 차례

## 1 이 책은 달라요

《튜링이 들려주는 암호 이야기》는 암호란 수학에서 특별한 성질을 가지는 함수라는 설명으로 암호와 수학과의 관계를 밝히면서 시작합니다. 비교적 단순한 수학이 사용된 고전암호에서부터 현대의 고등수학이 요구되는 현대암호까지 다양한 암호들을 살펴보면서 그 암호에 사용된 수학들을 같이 보게 될 것입니다. 현재 수학을 배우고 있는 중고등학교 학생부터 암호에 관심있는 일반인들까지 암호와 암호에 사용된 수학을 어렵지 않게 접할 수 있을 것입니다. 또한 기본적인 암호해독 방법을 설명함으로써 수학의 문제풀이라는 것이 암호해독처럼 언제나 논리적으로 완벽한 절차를 거쳐서 이루어지는 것이 아니라, 때로는 단순한 가정과 추정으로부터 여러 번의 시행착오를 거쳐 이루어진다는 것을 볼 수 있을 것입니다.

## 2 이런 점이 좋아요

1 암호에 사용된 수학들을 살펴봄으로써 수학이 현실에서는 어떻게 사용되고 응용되는지 접할 수 있는 기회를 줍니다.

2 기본적인 암호해독 방법을 통해서 수학의 문제풀이 방법에 대한 논리적 완벽함이라는 편견을 없애게 합니다.

3 문제상황을 통해서 여러 가지 암호와 그에 따르는 수학의 필요성을 느끼게 함으로써 암호 수학을 좀 더 쉽게 접근할 수 있게 합니다.

## 3 교과 과정과의 연계

| 구분 | 단계 | 단원 | 연계되는 수학적 개념과 내용 |
|---|---|---|---|
| 중학교 | 7-가 | 함수 | 함수의 개념, 순서쌍과 좌표 |
| | 8-나 | 확률과 통계 | 확률의 뜻, 확률의 계산 |
| 고등학교 | 10-가 | 수와 연산 | 명제의 뜻, 증명 |
| | | 문자와 식 | 나머지 정리, 약수와 배수 |
| | 10-나 | 규칙성과 함수 | 함수의 뜻, 역함수 |
| | 수학 I | 대수 | 지수, 지수함수와 그래프 |

## 4 수업 소개

### 첫 번째 수업_암호란 무엇일까요?

암호의 정의와 기본적인 암호인 비밀키 암호방식을 설명하고 암호를 수학적으로 이해하기 위하여 함수와의 관계를 다룹니다.

- 선행 학습 : 함수와 역함수
- 공부 방법 : 앞으로 자주 나올 용어들을 눈여겨보고 암호함수를 이해합니다.
- 관련 교과 단원 및 내용
  - 중학교와 고등학교에서의 함수단원과 연계하여 수업 자료로 활용 가능합니다.

### 두 번째 수업_간단한 나머지 연산에 대하여 알아봅시다

간단한 비밀키 암호인 시저 암호에 대해서 다루고 이것을 나머지 연산과 연계하여 설명해 나갑니다.

- 선행 학습 : 나머지 정리
- 공부 방법 : 시저 암호를 통해 비밀키 방식의 암호를 이해하고 앞으로 자주 나올 나머지 연산에 대하여 연습을 해 봅니다.
- 관련 교과 단원 및 내용
  - 고등학교에서의 나머지 정리, 약수와 배수 단원과 연계 및 심화가 가능합니다.

### 세 번째 수업_시저 암호의 약점들을 찾아내 봅시다

비밀키 암호를 공격하는 두 가지 방법에 대하여 다룹니다.

- 선행 학습 : 퍼즐 풀이
- 공부 방법 : 직접 암호를 해독해 보겠다는 마음가짐으로 읽어 나가면 됩니다.
- 관련 교과 단원 및 내용

– 학생들의 수학문제풀이 방법에 대한 자료로 활용 가능합니다.

– 중학교와 고등학교의 통계 단원에서 실생활의 활용 예로써 사용 가능합니다.

### 네 번째 수업_시저 암호의 변형된 암호에 대하여 알아봅시다

간단한 암호들을 여러 공격에 강하도록 만드는 방법에 대하여 다룹니다.

- 선행 학습 : 시저암호 복습
- 공부 방법 : 시저암호의 약점들을 생각하고 이러한 약점들을 어떻게 보완할 수 있을까 생각하며 읽으면 좀 더 재미있게 읽을 수 있을 것입니다.
- 관련 교과 단원 및 내용

– 중학교와 고등학교에서의 함수단원과 연계하여 수업 자료로 활용 가능합니다.

## 다섯 번째 수업 _ 공개키 암호에 대하여 알아봅시다

공개키 암호의 필요성과 공개키 암호의 개념을 설명해 나갑니다. 또한 공개키 암호 함수인 트랩도어 일방향 함수를 소개합니다.

- 선행 학습 : 비밀키 암호 복습
- 공부 방법 : 비밀키 암호의 불편한 점을 생각해 보고, 이것을 어떻게 해결할 수 있을까 생각해 봅니다.
- 관련 교과 단원 및 내용

– 중학교와 고등학교에서의 함수단원과 연계하여 수업 자료로 활용 가능합니다.

## 여섯 번째 수업 _ 공개키 암호가 기반을 둔 이산대수문제를 알아봅시다

트랩도어 일방향 함수를 만들기 위하여 이산대수문제를 다룹니다.

- 선행 학습 : 지수의 정의와 성질
- 공부 방법 : 트랩도어 일방향 함수의 개념을 이해하고, 이 함수를 어떻게 만들 수 있을 것인가에 대하여 생각해 봅니다.
- 관련 교과 단원 및 내용

– 고등학교의 지수단원과 연계 및 심화자료로 활용 가능합니다.

## 일곱 번째 수업 _ 공개키 암호가 기반을 둔 소인수분해문제를 알아봅시다

트랩도어 일방향 함수를 만들기 위하여 소인수분해문제를 다룹니다.

- 선행 학습 : 약수와 배수, 나머지 연산 복습
- 공부 방법 : 나머지 연산의 성질들을 이용하여 어떻게 트랩도어 일방향 함수를 만들 수 있는지 생각해 봅니다.
- 관련 교과 단원 및 내용
  - 고등학교에서의 나머지 정리, 약수와 배수 단원과 연계 및 심화가 가능합니다.

## 여덟 번째 수업 _ 영지식Zero-Knowledge에 대해서 알아봅시다

영지식 증명이라는 암호에서의 특이한 증명을 이야기를 통해 전개해 나갑니다.

- 선행 학습 : 명제와 증명
- 공부 방법 : 영지식 증명을 이해하고 수학적 증명과의 차이를 생각해 봅니다.
- 관련 교과 단원 및 내용
  - 고등학교에서의 명제와 수학적 증명과의 연계 및 심화가 가능합니다.

# 튜링을 소개합니다

Alan Mathison Turing (1912~1954)

저는 자연의 평범한 것들로부터 어떤 것을 만들어보고 싶었습니다.

그것도 에너지를 가장 적게 들이고 말입니다.

## 여러분, 나는 튜링입니다

안녕하세요, 제 이름은 튜링입니다. 저는 1912년 영국에서 태어난 수학자이자 물리학자입니다. 제가 한창 활동하던 때는 전 세계가 전쟁으로 시끄럽던 시절이었습니다. 그래서 제가 암호학자로서 이름이 알려지게 되었는지 모르겠습니다. 상대국가의 암호를 푸는데 저 같은 사람이 필요했기 때문입니다.

저는 1931년에 캠브리지 대학 킹스칼리지에 입학하여 수학을 공부하였습니다. 대학교를 졸업할 무렵에 '중심 극한 정리Central Limit Theorem' 라는 현재 통계학에서 기본이 되는 중요한 정리를 증명하였습니다. 그러나 아쉽게도 저의 증명이 이미 12년 전의 다른 수학자의 증명과 비슷하여 크게 인정받지는 못했습니다.

대학교를 졸업하고 저는 수리논리학에 관심을 가지게 되었습니다. 당시 수리논리학에서의 커다란 사건은 괴델이라는 분의 '불완전성 정리' 라는 것이었습니다. 20세기가 시작되는 1900년에 당시 수학의 거장이라고 할 수 있는 힐버트라는 분이 20세기에 수학자가 해결해야 할 23가지 문제를 제시하셨습니다. 그 중 한 문제가 산술공리의 완전성에 관한 것이었습니다. 이 문제는 자연수를 구성하는 공리계로부터 만들어진 모든 참인 명제는 언제나 증명 가능한가에 관한 문제였습니다. 그러나 괴델이라는 분이 이것은 불가능하다고 증명한 것이 바로 '불완전성 정리' 였습니다. 사실 어떤 참인 명제를 증명하는 알고리즘이 있다는 것을 보이는 것은 비교적 쉬운 일입니다. 왜냐하면 그 알고리즘을 발견하면 되니까요. 그러나 문제는, 어떤 명제에 대해서는 그러한 알고리즘이 존재하지 않는다는 것을 보이는 것입니다. 왜냐하면 그러한 알고리즘이 존재하지 않는다는 것을 보이기 전에 과연 그러한 알고리즘의 정의가 무엇인가에 대해서 명확히 하는 것이 필요하기 때문입니다. 그래서 저는 이것을 튜링기계라는 것을 통해 도입하여 해결하였습니다.

제가 생각한 튜링기계란 실제 기계가 아니라 머릿속의 가상

튜링 자네가 '중심 극한 정리'를
증명했는데 다른 수학자의 증명과
비슷하다고 인정받지 못하다니
안타깝군.
쓱
쓱
쩝
열심
만세
드디어
튜링 기계를
만들어냈다.
깜짝이야.
기계를
만들었다고?
내 기계는
머릿속 가상의
기계야.
어디?
으하하하
이 기계로 괴델의
'불완전성 정리'를
증명해낼 수 있어.
쩝
음
기계도 생각을
할 수 있어.
다만, 문제는 기계가
생각하는 걸 사람이
어떻게 알 수 있느냐지.
맞아! 이런
방법이
있었구나.

의 기계입니다. 이것은 입력 테이프와 제어장치로 구성되어 있습니다. 입력 테이프는 작은 칸들로 나누어져 있고, 각 칸에는 특정한 기호를 읽고, 쓰고, 지울 수 있습니다. 제어장치에 의해서는 테이프의 좌우로 원하는 칸만큼 이동할 수 있습니다. 이것은 일종의 컴퓨터의 원시적인 모델이라고 할 수 있는 것입니다. 저는 이 기계로 풀 수 없는 계산문제를 구성함으로써 불완전성 정리의 다른 증명을 한 것입니다.

저는 또한 '기계가 생각할 수 있는가' 라는 문제와 같은 인공지능에도 관심을 가졌습니다. 저의 생각은 기계도 생각할 수 있다는 것이었습니다. 그래서 기계가 사고를 한다면 인간이 그것을 어떻게 알 수 있는가라는 질문에 대해서 튜링테스트라는 것을 고안하였습니다. 이것은 질문자가 기계와 인간에게 질문을 하고 양쪽의 대답을 비교하여, 어떤 쪽이 인간의 대답이고 어떤 쪽이 기계의 대답인지를 구분하는 테스트입니다. 만약 구별을 하기 힘들다면 기계도 인간과 같이 사고를 한다고 할 수 있을 것입니다.

그러나 당시에 컴퓨터도 없고, 더욱이 인공지능이라는 것을 생각할 수도 없는 시기였기 때문에 다른 사람들은 저의 이러한 생각을 잘 이해하지 못하였습니다. 그래서 어떤 사람이 저에게 "당신은 강력한 두뇌를 가지는 기계를 만들고 싶어 하는데, 구체적으로 그 기계가 무엇입니까?"라고 질문을 하였습니다. 그래서 저는 "강력한 두뇌를 개발하는 데는 흥미가 없습니다. 제가 추구하는 것은 평범한 두뇌입니다. AT&T사미국의 통신회사의 회장처럼 말입니다."라고 대답해 주었습니다.

저는 미국유학을 마치고 영국으로 돌아와서 독일군의 암호를 해독하는 일을 맡게 되었습니다. 당시 독일군의 암호는 에니그마라고 불리는 난공불락의 암호였습니다. 그러나 저는 영국의 블레츨리 파크라는 곳에서 다른 동료들과 함께 이 암호를 해독하는 데에 성공하였습니다. 특히 이 암호를 풀기 위해서 인간의 힘으로는 할 수 없는 엄청난 수의 계산이 필요하였는데, 이를 위해서 콜로서스거인이라는 뜻라는 최초의 컴퓨터를 만들게 되었습니다. 많은 사람들이 최초의 컴퓨터는 미국 펜실베니아 대학교의 에니악ENIAC이라고 알고 있지만, 이것은 당시에 영국정부가 콜로서스의 존재를 비밀로 하였기 때문입니다.

자, 지금부터 저와 함께 암호의 세상으로 여행을 떠날 것입니다. 제가 태어나기 수천년 전의 암호에서부터 제가 죽은 후에 발명된 암호까지 다양한 암호를 보게 될 것입니다. 암호는 일종의 수학에서의 함수입니다. 그러나 수학이라고 하여 처음부터 겁먹을 필요는 없습니다. 암호가 일종의 낱말 퍼즐이고 암호해독은 낱말 퍼즐 풀이라는 것을 미리 염두해 둔다면 수학은 단순한 퍼즐의 규칙이라는 것을 느끼게 될 것입니다. 그럼, 이제 즐거운 여행을 시작해 봅시다.

# 암호란 무엇일까요?

암호와 함수의 관계를 알아봅시다.

1. 암호란 무엇인지 알 수 있습니다.
2. 암호와 함수의 관계에 대해서 알 수 있습니다.
3. 일방향 함수에 대해서 알 수 있습니다.

## 미리 알면 좋아요

1. 함수 한 집합의 원소를 다른 집합의 원소에 대응시키는 규칙입니다.
   예를 들어, 이름의 글자수라는 함수를 생각하면, '고양이'는 글자수가 3이므로 3에 대응이 되고, '뱀'은 글자수가 1이므로 1에 대응되듯이, 이름에 수를 대응시키는 함수를 생각할 수 있습니다.

2. 역함수 어떤 함수가 한 집합의 원소를 다른 집합의 원소에 대응시킬 때, 그 반대의 대응을 생각하는 함수를 말합니다. 일반적으로 역함수를 생각하려면 원래 함수가 일대일 대응이 되어야 하나, 이 책에서 다루는 함수들은 대부분 일대일 대응이 되므로 특별한 언급이 없는 한 역함수를 생각할 수 있습니다.
   위의 예에서 '고양이'는 3에 대응되었고, '뱀'은 1에 대응되었는데, 그 반대의 대응, 즉 3은 고양이에 대응시키고, 1은 뱀에 대응시키는 함수가 위의 함수의 역함수가 됩니다.

오늘은 암호란 무엇인가에 대해 알아보기로 하겠습니다. 우리는 누구나 다른 사람에게는 숨기고 싶은 것들이 있습니다. 예를 들어서 지난 중간고사 성적표라던가 여자(남자)친구에게의 연애편지가 그런 것들입니다. 또한 남에게 숨길만한 부끄러운 것은 아니지만, 다른 사람에게 비밀로 하고 싶은 것들도 있습니다. 나만의 성적 올리기 비법이나 나의 휴대폰 비밀번호들은 나만 알고 있으면 아무 문제없지만, 다른 사람에게 반드시 알려야 할 때가 있습니다. 친한 친구에게 나만의 공부법을 알려 주고 싶을 때, 다른 사람 모르게 연애편지를 전해주고 싶을 때, 이럴 때 어떻게 하면 다른 사람 모르게 내가 알려 주고 싶은 사람에게만 그 내용을 알려 줄 수가 있을까요? 구체적으로 다음과 같은 상황을 생각해 봅시다.

튜링은 학생들에게 다음과 같은 문제를 냈습니다.

수업 시간에 선생님께서 지난 중간고사 수학성적을 한명씩 돌아가면서 말하라고 하였습니다. 그러나 당연히 학생들은 자신의 부끄러운 성적을 다른 친구들이 알기를 원치 않을 겁니다. 자, 그럼 어떻게 하면 다른 친구들 모르게 선생님께 자신의 수학성적을 말할 수 있을까요? 여기서 한 가지 조건은 학생들은 현재 자기 자리에서 자신의 성적을 입으로 말해야 한다는 것입니다. 물론 거짓말을 하면 안 되겠죠.

이것은 사실 선생님과 각 학생들이 미리 어떤 약속을 하고 있으면 가능합니다. 선생님과 학생들이 미리 개인면담을 통해서 다른 학생들 모르게 서로 한 숫자를 공유하는 것입니다. 예를 들어서 미라는 다른 학생들 모르게 선생님과 100이라는 숫자를 서로 약속했다고 가정합시다. 그러면 수업시간에 자신의 성적을 말할 때, 그 약속한 숫자 100을 더하는 것입니다. 이렇게 하면 다른 학생들은 100이라는 약속된 숫자를 모르기 때문에 학생이 말한 진짜 성적을 알 수 없지만, 선생님은 그 학생이 말한 수에 100을 빼서 그 학생의 진짜 성적을 알 수가 있는 것이지요.

이렇게 어떤 약속을 통해서 다른 사람은 모르고 원하는 사람만 알 수 있게 만든 말이나 글 혹은 기호를 암호[1]라고 부릅니다. 아마 암호라는 말을 들어본 사람은 가장 먼저 전쟁을 떠올릴 것입니다. 아군이 적군 모르게 명령을 전달하기 위해서는 암호를 사용해야 하기 때문에 암호는 전쟁에서 절대적으로 필요한 것이지요. 만약 암호가 적에게 해독이 되면 아군의 작전이 모두 적에게 노출이 되어 전쟁의 승패가 적에게 유리해 질 것입니다. 이런 암호의 예는 우리 주위에서도 쉽게 찾아 볼 수가 있답니다. 프로야구 경기를 보면, 감독은 코를 만진다던가 손을 이리저리 흔들어서 싸인을 내지요. 이 싸인은 상대편은 모르고 자기 편

1 **암호** 어떤 약속을 통해서 다른 사람은 모르고 원하는 사람만 알 수 있게 만든 말이나 글 혹은 기호

만 알 수 있는 암호입니다. 가끔 감독의 도루 싸인이 상대편에게 간파당해서 주자가 죽는 경우를 종종 볼 수 있을 것입니다. 또한 우리가 자주 이용하는 인터넷에서도 많은 암호가 숨어 있습니다. 이것은 나중에 다시 자세히 설명하도록 하지요.

잠시 앞으로 사용할 용어를 정리해 보도록 합시다. 미라와 선생님 사이의 암호는 학생의 성적에 100을 더하는 것이었습니다. 여기서 비밀수 100을 '비밀키비밀열쇠' 라고 합니다. 옛날에 귀중한 물건을 금고에 보관할 때, 금고에 자물쇠를 채우고 그 자물쇠를 열쇠로 잠갔지요. 그리고 그 물건을 가져도 되는 사람에게는 열쇠를 줘서 그 자물쇠를 마음대로 열게 했습니다. 그 열쇠를 가지지 못한 사람은 절대로 그 물건을 손에 넣을 수가 없었습니다. 마찬가지로 비밀수 100이라는 것을 모르는 사람은 절대로 그 학생의 성적을 알 수가 없는 것입니다. 선생님은 학생이 말한 수에 비밀키 100을 빼서 학생의 원래 성적을 알아내었지요. 여기서 학생의 원래 성적, 즉 암호문을 만들기 전의 것을 '평문'이라고 합니다. 그리고 암호문으로부터 평문을 알아내는 것을 '암호문을 해독한다' 혹은 '복호화[2]' 한다고 부릅니다. 이런 용어는 앞으로 계속 사용할 것이니 잘 기억해 두세요.

[2] **복호화** 암호문으로부터 평문을 알아내는 것

'암호문을 만드는 과정'

'암호문을 해독복호화하는 과정'

자, 이제 암호와 함수[3]의 관계를 알아봅시다. 함수란 무엇이지요?

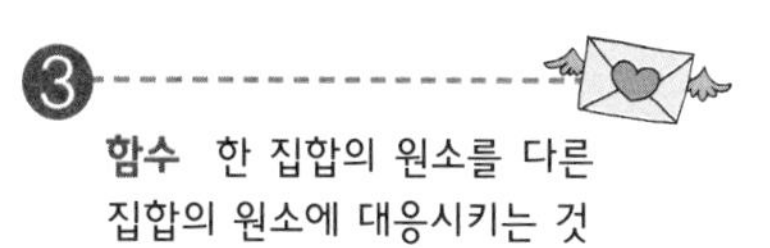

3 **함수** 한 집합의 원소를 다른 집합의 원소에 대응시키는 것

한 집합의 원소를 다른 집합의 원소에 대응시키는 것입니다.

그러면 암호를 만든다는 것은 무엇이었죠?

둘만 아는 약속을 통해서 우리가 사용하는 일상적인 문자를 약속된 문자나 기호로 바꾸는 것이었습니다.

바꾼다는 말은 결국 일상적인 문자를 암호인 문자나 기호에 대응을 시킨다는 말과 같습니다. 즉 일상적인 문자들의 집합에서의 한 원소를 암호의 문자나 기호들의 집합의 한 원소에 대응시키는 것이 암호를 만드는 것입니다. 이렇게 본다면 암호문을 해독하는 과정은 그 역대응을 찾는 것, 즉 역함수를 취하는 과정이라고 할 수 있겠지요.

**암호 만드는 과정 :** $f$(평문)＝암호문

**암호 해독하는 과정 :** $f^{-1}$(암호문)＝평문

예를 들어서 어떤 두 연인이 "밥 먹으러 가자"라는 말을 "동전 좀 빌려주세요"라는 말로 약속했다고 합시다. 그러면 이 경우 평문은 "밥 먹으러 가자"가 되고, 암호문은 "동전 좀 빌려주세요"가 되겠죠. 그리고 함수는 "밥 먹으러 가자"라는 말을 "동전 좀 빌려주세요"라는 말에 대응시키는 함수가 됩니다.

$f$(밥 먹으러 가자)=동전 좀 빌려주세요.

그리고 역함수는 "동전 좀 빌려주세요"를 "밥 먹으러 가자"로 대응하는 함수가 됩니다.

$f^{-1}$(동전 좀 빌려주세요)=밥 먹으러 가자.

물론 "동전 좀 빌려주세요"라는 말이 "밥 먹으러 가자"라는 말에 대응된다는 것을 모르는 사람은 두 연인의 대화내용을 이해할 수 없겠죠.

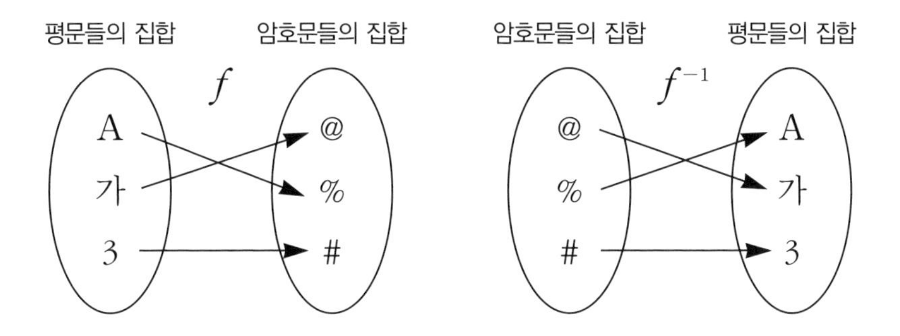


여기서 함수 $f$를 암호함수라고 부릅니다. 결국 암호를 만든다는 것은 암호함수를 만든다는 것과 같은 말입니다.

그러면 암호함수는 어떤 특징을 가지고 있어야 할까요? 암호의 가장 중요한 특징은 무엇이지요?

암호문을 보고 누구나 쉽게 평문을 찾을 수 있으면 안 됩니다. 즉 암호함수의 역함수를 쉽게 찾을 수 있으면 안 된다는 것입니다. 이러한 함수를 일방향 함수[4]라고 하는데 그 이름에서 알 수 있듯이 한쪽 방향으로의 계산만이 쉬운 함수입니다. 즉 보통 함숫값을 계산하기는 쉽지만, 그 반대인 함숫값을 보고 그 역함숫값을 계산하기 어려운 함수를 말합니다.

[4] **일방향 함수** 한쪽 방향으로의 계산만이 쉬운 함수

자, 그럼 우리가 잘 알고 있는 일차함수를 생각해 봅시다. 일차함수를 암호함수로 사용할 수 있을까요? 예를 들어서, $f(x)=2x+3$으로 정의된 일차함수를 생각해 봅시다. 만약 학생이 자신의 수학성적 50점을 암호함수 $f(x)=2x+3$를 사용하여 암호문을 만든다고 해 봅시다. 즉 이 경우 평문은 50이 되고, 암호문은 $f(50)=2\times50+3=103$이 되겠죠. 그러나 암호함수로 $f(x)=2x+3$가 사용되었다는 것을 아는 사람은 $f(x)$의 역함수 $f^{-1}(x)=\frac{1}{2}(x-3)$을 구하여 암호를 해독할 수가 있습니다. 즉 암호문 103을 보고, $f^{-1}(103)=\frac{1}{2}(103-3)=50$인 평문 50을 구할 수가 있겠지요. 따라서 이 함수를 암호함수로 사용할 수는 없습니다.

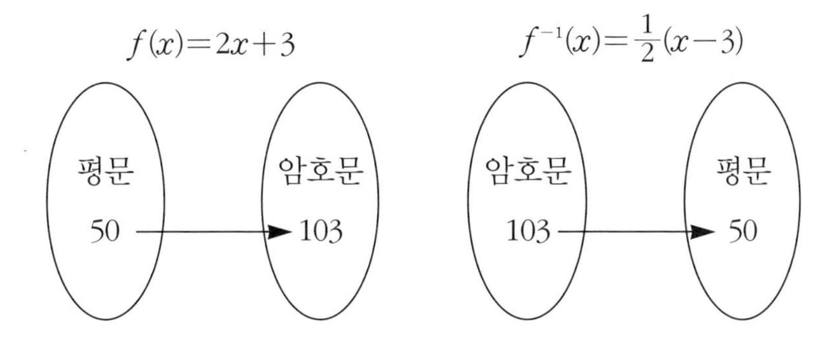


굳이 이 함수를 암호함수로 사용하려면 $x$의 계수 2나 상수항 3을 비밀키로 하여 암호함수를 다른 사람들에게 숨겨야 합니다. 앞의 문제에서도 암호함수로써 일차함수인 $f(x)=x+k$를 사용한 것이고, 상수항 $k$를 비밀키로 하여 암호함수를 다른 학생들에게 숨긴 것이 됩니다.

$f(x)=x+k$ ($x$는 자신의 성적, $k$는 비밀키)

여기서 선생님은 비밀키 $k$를 알기 때문에 $f(x)$를 보고 $f(x)-k=x$를 구할 수 있지만, 다른 학생들은 $k$를 모르기 때문에 $x$를 구할 수가 없습니다.

일반적으로 암호함수를 만드는 것은 어려운 일입니다. 위의 기본적인 특징을 만족해야 할 뿐만 아니라, 여러 가지 암호공격법에도 안전해야 합니다. 암호라는 것은 오래전부터 사용되고 연구되어 왔습니다. 또한 사람들은 그 암호를 깨는 방법에 대해서도 오래전부터 많은 연구를 하였습니다. 가깝게 세계 2차대전 때만 해도 연합군은 독일군의 암호를 해독하기 위하여 많은 노력을 하였고, 그 노력의 일환으로 컴퓨터라는 것을 발명해 내었습니다. 이후로 많은 암호공격방법들이 연구되었고 이런 공격방법들에게도 안전한 암호함수를 만드는 것은 더 힘든 일이었습니다. 앞으로 이런 암호공격법과 안전한 암호함수들을 살펴 볼 것입니다.

## 첫번째 수업 정리

❶ 암호란 두 사람만이 아는 약속을 통해서 일상적인 말이나 글을 다른 사람이 모르는 기호로 대응시키는 함수를 말합니다.

❷ 암호의 특징이 암호문을 보고, 평문을 쉽게 알아내면 안 되듯이, 암호함수는 자신의 역함수를 쉽게 찾을 수 있으면 안 됩니다. 이와 같이 함수의 계산은 쉬우나, 그 역함수의 계산은 어려운 함수를 일방향 함수라고 부릅니다.

❸ 비밀키 암호란 두 사람이 서로 비밀수를 약속하여 이 비밀수를 이용해 암호함수를 만드는 방법을 말합니다.

튜링과 함께 하는 쉬는 시간 1

# 전화 동전 던지기

찬범이와 벗린이는 같이 영화구경을 가기로 하고 어떤 영화를 보러 갈지 전화통화 후 결정하기로 하였습니다. 그러나 찬범이는 평소 액션 영화를 좋아하고, 벗린이는 로맨틱 코메디 영화를 좋아하여 서로 의견의 일치가 쉽지 않았습니다. 그래서 둘은 결국 동전 던지기로 결정하기로 하고 동전의 앞면이 나오면 찬범이가 보고 싶은 영화를, 뒷면이 나오면 벗린이가 보고 싶은 영화를 보러 가기로 하였습니다. 그러나 한 명이 동전을 던져서 거짓말을 하면 그 진위를 알 수 없기 때문에 동전던지기를 전화

상으로 어떻게 해야 할지가 문제였습니다. 어떻게 하면 전화상으로 공정하게 동전던지기를 할 수 있을까요?

이것은 다음과 같이 해결할 수 있습니다.

1. 둘은 먼저 일방향 함수 $f$를 하나 선택하여 서로 공유합니다.
2. 동전의 앞면은 짝수로, 동전의 뒷면은 홀수로 약속을 합니다.
3. 찬범이가 동전을 던져서 벗린이가 동전의 앞, 뒷면을 맞추면 벗린이가 이긴 것으로 하고 못 맞추면 찬범이가 이긴 것으로 규칙을 정합니다.
4. 찬범이는 동전을 던져서 앞면이 나오면 짝수 $x$를, 뒷면이 나오면 홀수 $x$를 하나 임의로 선택해서 함수 $f$를 취한 후, 그것의 함숫값 $f(x)$를 벗린이에게 보냅니다.
5. 벗린이는 동전의 앞, 뒷면을 추측하여 찬범이에게 알려줍니다.
6. 찬범이는 자신이 선택했던 $x$를 벗린이에게 알려 줍니다.
7. 벗린이는 $x$가 짝수인지 홀수인지 보고, 자신의 추측이 맞았는지, 그리고 $f(x)$를 계산해서 보내준 $f(x)$값과 일치하는지 확인합니다.

5번 과정에서 함수 $f$가 일방향 함수이기 때문에 벗린이는 $f(x)$를 보고 $x$를 추측할 수 없습니다. 따라서 벗린이는 전적으로 자신의 추측에 의존할 수 밖에 없습니다. 6번 과정에서 찬범이는 벗린이에게 거짓말을 할 수가 없습니다. 왜냐하면 벗린이가 이미 $x$에 대한 $f(x)$값을 알고 있기 때문입니다. 따라서 둘은 서로 거짓말을 할 수 없고, 공정하게 동전 던지기 게임을 할 수 있는 것입니다.

# 간단한 나머지 연산에 대하여 알아봅시다

나머지 연산을 이용하여 간단한 순환shift 암호함수를 만들어 봅시다.

1. 간단한 나머지 연산을 계산할 수 있습니다.
2. 나머지 연산을 이용하여 간단한 순환shift암호함수를 만들고 해독할 수 있습니다.

## 미리 알면 좋아요

1. 나머지 정리 두 수 $a$와 $b$가 있을 때, $a$를 $b$로 나눈 몫을 $q$, 나머지를 $r$이라 하면, $a$가 $a=bq+r$ $(0\leq r<b)$와 같이 표현된다는 정리입니다.

   예를 들어, 75를 16으로 나누면 몫은 4, 나머지는 11이 됩니다. 따라서 $75=16\times4+11$과 같이 표현할 수 있습니다.

2. $a$의 $b$에 대한 나머지 연산 $a$를 $b$로 나눈 나머지만을 취하는 연산입니다.

   위의 예에서 75의 16에 대한 나머지 연산값은 11이 됩니다. 이 때, $75\equiv11(\text{mod } 16)$과 같이 나타냅니다.

지난 시간에 암호란 무엇이며, 암호함수는 어떤 특징이 있는지 알아보았습니다. 오늘은 암호함수의 예로써 유명한 로마의 황제 시저가 사용했던 순환암호에 대하여 알아보겠습니다. 자, 그럼 다음과 같은 암호문을 봅시다.

튜링은 칠판에 암호문을 적습니다.

시저는 위와 같은 암호문을 받았지만, 시간이 없어 해독하지 못하고 암살을 당했습니다. 그럼 위의 암호문은 무슨 뜻일까요? 이 암호문을 해독하기 위해서 시저 암호가 어떻게 작성이 되었는지 알아봅시다.

시저 암호는 알파벳 A를 D로, B를 E로 대응하듯이 각 알파벳을 3개씩 밀려서 대응시키는 방식을 취합니다. 예를 들어 평문 ABCD는 암호문 DEFG로 대응되겠지요. 이를 암호함수로 표현하면 어떻게 될까요? 이를 위해 편의상 영문 알파벳을 다음 표와 같이 0부터 25까지의 수에 대응을 해보겠습니다.

| A | B | C | D | E | F | G | H | I | J | K | L | M |
|---|---|---|---|---|---|---|---|---|---|---|---|---|
| 0 | 1 | 2 | 3 | 4 | 5 | 6 | 7 | 8 | 9 | 10 | 11 | 12 |
| N | O | P | Q | R | S | T | U | V | W | X | Y | Z |
| 13 | 14 | 15 | 16 | 17 | 18 | 19 | 20 | 21 | 22 | 23 | 24 | 25 |

그러면 시저 암호함수는 바로 $f(x)=x+3$이 되는 것입니다. 물론 숫자 3은 시저만 알고 있는 비밀키가 되겠지요. 이 암호함수에 의해서 평문 BOOK은 어떻게 암호화 될까요? 위의 표를 따르면 알파벳 B, O, K는 어느 숫자에 대응이 되지요?

"1과 14와 10에 대응이 됩니다."

이 수들은 암호함수에 의해서 각각 4와 17과 13에 대응이 되겠지요. 그러면 다시 위의 표에 의해서 4는 E, 17은 R, 13은 N에 대응되므로 결국 BOOK이란 단어는 ERRN으로 암호화되는 것입니다.

이렇게 각 문자의 위치를 몇 칸씩 뒤로 밀려서 암호문을 만드는 방식을 순환shift암호[5]라고 합니다.

5 **순환암호** 각 문자의 위치를 몇 칸씩 뒤로 밀려서 암호문을 만드는 방식

$f(x)=x+3$

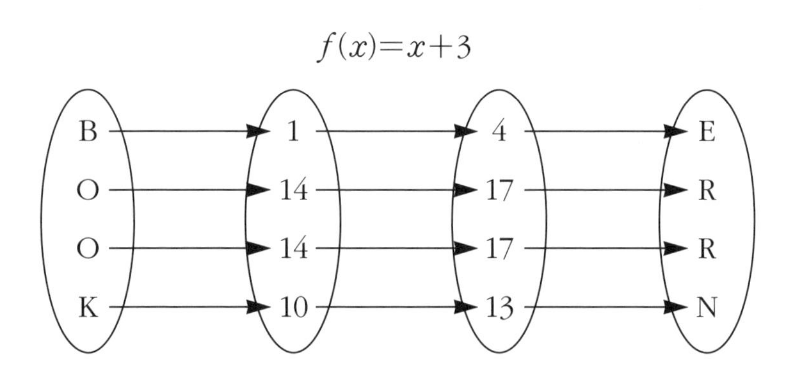


여기서 비밀키를 꼭 3으로 택할 필요는 없습니다. 자기가 원하는 수를 택하면 자기만의 시저 암호함수를 만들 수 있습니다.

만약 비밀키로 16을 택하면 어떻게 될까요? 이 경우 암호함수는 $f(x)=x+16$이 되겠지요. 이 암호함수에 의해 STUDENT란 단어가 어떻게 암호화 되는지 알아봅시다. 위의 경우와 같이 먼저 각 알파벳을 위의 표에 따라 숫자로 바꾼 후, 암호함수를 작용하면 되겠지요. 자, 그럼 먼저 알파벳 S는 어떻게 암호화되지요?

"S는 수 18에 대응하고, 18은 암호함수에 의해 34에 대응이 됩니다. 그런데 34는 표에 없어서 어떤 알파벳에 대응을 할지 모르겠습니다."

각 알파벳이 0부터 25의 숫자로 대응되므로 34에 대응하는 알파벳은 없습니다. 그러나 이 경우 나머지 연산을 이용하면 34에 대응하는 알파벳을 찾을 수 있습니다. 34를 26으로 나누면 나머지가 얼마인가요?

"8입니다."

8에 대응하는 알파벳은 I이니, S는 I로 암호화하면 되겠군요.

이렇게 어떤 수로 나눈 나머지를 취하는 연산을 나머지 연산 모듈연산이라고 합니다. 나머지 연산은 기호 ≡를 사용하여 표기합니다. 예를 들어, 34를 26으로 나눈 나머지는 8인데, 이를 기호 ≡로 표기하면,

$$34 \equiv 8 \pmod{26}$$

입니다. 마찬가지로 100을 26으로 나눈 나머지는 22이므로 기호로 $100 \equiv 22 \pmod{26}$으로 표기할 수 있겠죠. 즉, 기호

$$a \equiv r \pmod{b}$$

는 숫자 $a$를 숫자 $b$로 나눈 나머지가 $r$이라는 뜻을 가진 표현이 됩니다. 그런데 우리는 예전에 나머지 정리라고 배운 적이 있지요. 두 수 $a$와 $b$가 있을 때, $a$를 $b$로 나눈 몫을 $q$, 나머지를 $r$이라 하면, $a$가

$$a=bq+r \ (0 \leq r < b)$$

와 같이 표현된다는 정리였습니다. 즉 위의 ≡를 사용한 표현

은 나머지 정리의 다른 표현일 뿐인 것입니다. 나머지 정리에서 우리가 알 수 있는 또 다른 사실은 나머지 $r$이 나누는 수 $b$를 넘지 않는다는 사실입니다. 우리는 지금 26개의 알파벳을 가지고 암호문을 만들고 있기 때문에 암호함수의 값이 26이 넘지 않기를 원합니다. 이를 위해 위와 같이 수 26에 대한 나머지 연산을 이용하면 되는 것입니다. 나머지 연산은 현재 많이 사용되고 있는 암호방식의 기반이 되는 연산입니다. 나중에 현대 암호를 설명할 때, 다시 나오게 되므로 잘 이해하고 넘어가길 바랍니다.

그럼 다시 STUDENT의 시저암호를 만들어 봅시다. 우리는 비밀키로 16을 택했으므로 암호함수는 $f(x)=x+16$이었고, S의 암호문같이 함숫값이 26을 넘는 경우는 26의 나머지 연산을 이용하여 나머지를 택한 후, 그 나머지에 대응하는 알파벳으로 암호화하면 되었습니다. 평문 T는 숫자 19에 대응하고 이 수는 암호함수에 의해 35가 됩니다. 그럼 다시 35를 26으로 나눈 나머지 9를 취해서 9에 대응하면 알파벳 J가 T에 대응하는 암호가 될 것입니다. 이와 같은 방식으로 나머지 문자를 암호화하면 다음과 같습니다.

| 평문 | $x$ | $x+16$ | mod 26 | 암호문 |
|---|---|---|---|---|
| S | 18 | 34 | 8 | I |
| T | 19 | 35 | 9 | J |
| U | 20 | 36 | 10 | K |
| D | 3 | 19 | 19 | T |
| E | 4 | 20 | 20 | U |
| N | 13 | 29 | 3 | D |
| T | 19 | 35 | 9 | J |

즉 STUDENT는 IJKTUDJ로 암호화되는 것입니다.

이제부터는 시저 암호의 복호화에 대해서 생각해 봅시다. 첫째 날에 배웠듯이 암호문의 복호화는 암호함수의 역함수를 찾으면 되는 것이었습니다. 우리가 지금 사용하는 암호함수는 $f(x)=x+16$이므로, 이 함수의 역함수를 찾으면 되겠지요. 이 함수의 역함수는 간단하게 $f^{-1}(x)=x-16$이 됩니다. 그리고 다시 26에 대한 나머지 연산을 하면 암호문을 해독 할 수 있습니다.

암호함수 : $f(x)=x+16 \pmod{26}$

해독함수 : $f^{-1}(x)=x-16 \pmod{26}$

$f(f^{-1}(x))=(x-16)+16=x \pmod{26}$

$f^{-1}(f(x))=(x+16)-16=x \pmod{26}$

26에 대한 나머지 연산을 할 때, 음수에 대한 나머지 연산을 할 경우가 생길 수 있습니다. 예를 들어, 암호문 I에 대한 평문을 찾을 때, 복호화 함수 $f^{-1}(x)=x-16$를 작용하면, I에 해당하는 수가 8이므로 $f^{-1}(8)=8-16=-8$이 나오게 됩니다. 그러면 $-8$에 대한 26의 나머지 연산을 하면 어떤 값이 나오게 될까요? 여기서 우리가 알아야 하는 것은 위에서 사용한 나머지 정리가 꼭 자연수에 대해서만 성립하는 것은 아니라는 사실입니다. 나머지 정리는 정수에 대해서도 성립합니다. 즉 $a$를 $b$로 나눈 몫을 $q$, 나머지를 $r$이라 할 때, $a$가 정수가 되어도 상관이 없습니다. 그러나 중요한 점은 언제나 나머지 $r$은 항상 0과 나누는 값 $b$사이의 값이라는 점입니다.

$$a=bq+r\ (0\leq r<b),\ a\text{는 정수}$$

$$a\equiv r \pmod{b}$$

따라서 $-8$의 26에 대한 나머지 값은 $-8=26\times(-1)+18$이므로 18이 되는 것입니다. 즉

$$-8 \equiv 18 \pmod{26}$$

이와 같이 복호화 함수를 이용하면 시저 암호를 해독할 수 있습니다. 이제 맨 처음에 제기했던 암호문 'RUSQHUVKBVEHQIIQIYDQJEH'를 해독해 볼까요. 이 암호문이 암호함수 $f(x)=x+16 \pmod{26}$에 의해 암호화되었다고 생각하고, 이 함수에 대한 복호화 함수 $f^{-1}(x)=x-16 \pmod{26}$을 작용해 봅시다.

| 암호문 | R | U | S | Q | H | U | V | K | B | V | E | H |
|---|---|---|---|---|---|---|---|---|---|---|---|---|
| $x$ | 17 | 20 | 18 | 16 | 7 | 20 | 21 | 10 | 1 | 21 | 4 | 7 |
| $x-16$ | 1 | 4 | 2 | 0 | −9 | 4 | 5 | −6 | −15 | 5 | −12 | −9 |
| mod 26 | 1 | 4 | 2 | 0 | 17 | 4 | 5 | 20 | 11 | 5 | 14 | 17 |
| 평문 | B | E | C | A | R | E | F | U | L | F | O | R |

| 암호문 | Q | I | I | Q | I | Y | D | Q | J | E | H |
|---|---|---|---|---|---|---|---|---|---|---|---|
| $x$ | 16 | 8 | 8 | 16 | 8 | 24 | 3 | 16 | 9 | 4 | 7 |
| $x-16$ | 0 | −8 | −8 | 0 | −8 | 8 | −13 | 0 | −7 | −12 | −9 |
| mod 26 | 0 | 18 | 18 | 0 | 18 | 8 | 13 | 0 | 19 | 14 | 17 |
| 평문 | A | S | S | A | S | I | N | A | T | O | R |

결국 'BECAREFULFORASSASINATOR' 란 평문을 얻게 됩니다. 즉 'Be careful for assasinator 암살자를 조심하라' 가 되는 것입니다. 시저가 위의 암호문을 해독하여 자신의 암살위험을 모면하였다면 현재의 역사는 지금과 다르게 전개되었을 것입니다.

우리가 시저 암호를 해독할 때, 시저의 비밀키 16을 예측하여 해독할 수 있었습니다. 그러나 시저 암호는 현대 암호 기술에 비하면 아주 기초적인 암호방식으로 사실 비밀키를 모르고도 해독할 수가 있습니다. 즉 현대 기술로 시저 암호는 더 이상 안전한 암호라고 할 수가 없는 것입니다. 그럼, 다음 시간에는 시저 암호를 비밀키를 모르는 상태에서 해독하는 방법에 대해서 알아보겠습니다.

두번째
# 수업 정리

❶ 시저 암호는 평문의 각 알파벳을 비밀키 만큼의 옆 칸에 있는 알파벳들로 바꾸는 암호입니다. 이를 암호함수로 표현하면 각 문자에 비밀키를 더하는 함수가 됩니다.

❷ 시저 암호 함수의 역함수는 암호문에 비밀키를 빼는 함수입니다.

❸ $a$의 $b$에 대한 나머지 연산이란 $a$를 $b$로 나눈 나머지 $r$만을 취하는 연산을 말합니다. 이를 기호로 나타내면, $a \equiv r \pmod{b}$와 같이 나타냅니다.

❹ 알파벳은 26개 밖에 없지만, 비밀키에 나머지 연산을 작용하면 어떤 수도 시저 암호의 비밀키로 사용될 수 있습니다.

## 튜링과 함께 하는 쉬는 시간 2

# 애너그램 anagram

시저 암호와 같이 한 문자를 다른 문자로 치환하는 암호방식이 있듯이 문자의 위치를 바꾸는 암호방식도 생각할 수 있습니다. 이렇게 문자의 위치나 순서를 바꿔서 이루어진 문자나 말을 애너그램[6]anagram이라고 합니다. 예를 들어서, '공자부하'는 '공부하자'의 애너그램입니다.

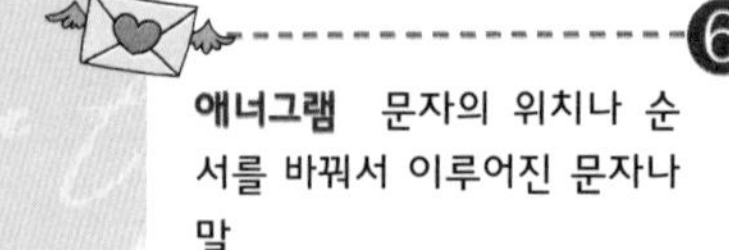

6 **애너그램** 문자의 위치나 순서를 바꿔서 이루어진 문자나 말

애너그램은 원래 일상적인 문자의 순서를 바꿔서 의미없는 암호를 만드는 방식이나, 특이하게 다시 다른 뜻을 가지는 문자로 만들어 원래 의미를 숨기는 경우도 있습니다. 예를 들어서, earth지구를 heart마음로, Dormitory기숙사를 Dirty room더러운 방 등으로 바꿀 수 있을 것입니다. 또한 소설 《다빈치 코드》에서 O, Draconian devil오, 드라코 같은 악마여은 Leonardo da Vinci레오나르도 다 빈치, Oh, lame saint오, 불구의 성인이여는 The Mona

Lisa모나리자, So dark the con of man인간의 진로는 너무 어둡다은 Madonna of the Rocks암굴의 성모의 애너그램입니다.

이러한 애너그램은 유명한 사람의 가명을 만드는 데에도 사용되었습니다. 프랑스의 유명한 수학자 파스칼은 Louis de Montalte와 Amos Dettonuille라는 두 가지 가명을 사용하였습니다. 그는 한 가명으로 문제를 내고, 다른 수학자가 이 문제에 대한 해답을 제시하지 못하면 다른 가명으로 정답을 발표하기도 하였습니다. 그런데 이 두 가명은 서로 다른 가명의 애너그램입니다.

애너그램은 주로 영어철자 바꾸기를 통해서 이루어졌으나 한글을 이용한 애너그램도 생각할 수 있습니다. 다만 영어는 자음과 모음이 나란히 병기되어 사용되기 때문에 애너그램을 만들기가 비교적 쉽지만, 한글의 자음은 초성과 종성에, 모음은 중성에 위치해야 한다는 제약 때문에 애너그램을 만들기가 더 까다로울 수 있습니다. 예를 들어 '암호책'의 애너그램을 생각해보면, 자음은 ㅇ, ㅁ, ㅎ, ㅊ, ㄱ이 있고 모음으로는 ㅏ, ㅗ, ㅐ가 있습니다. 이 경우 3음절을 만들 때 배치 순서에 따라 다른 단어가 만들어지므로 순서가 있는 순열을 이용해야 합니다. 따라서 자음 5개 중에 3개를 뽑아 먼저 배열하고${}_5P_3$, 다음으로 모음 3개를 3곳에 적절하게 배치$3!$합니다. 마지막으로 남은 자음 2개를 모음과 같이 3곳에 적절하게 배치$3!$합니다. 예를 들어,

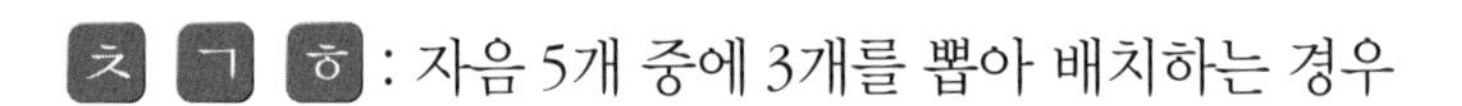
ㅊ ㄱ ㅎ : 자음 5개 중에 3개를 뽑아 배치하는 경우

↓

ㅏ ㅗ ㅐ : 모음 3개를 3군데에 순서 있게 배치하는 경우

↓

ㅁ ㅇ : 나머지 자음 2개를 3군데에 순서 있게 배치하는 경우

와 같이 만들 수 있습니다. 그러므로 '암호책'의 애너그램은 총 $_5P_3 \times 3! \times 3! = 2160$개가 됩니다. 한 번 자신의 이름으로 가능한 애너그램이 무엇인지 만들어 보는 것도 재미있을 것입니다.

# 시저 암호의 약점들을 찾아내 봅시다

영어 단어의 사용통계를 이용하여
시저 암호를 해독하는 방법을 알아봅시다.

## 세 번째 학습 목표

1. 시저 암호의 약점들을 찾아내고, 이를 이용하여 비밀키 없이 시저 암호를 해독해 낼 수 있습니다.
2. 영어 단어들의 사용통계를 이용하여 비밀키 없이 시저 암호를 해독해 낼 수 있습니다.

### 미리 알면 좋아요

1. 나머지 연산은 덧셈이나 뺄셈연산에 대해서 어느 연산을 먼저 하여도 계산값이 같습니다.

   예를 들어, $30+27=57\equiv 5 \pmod{26}$인데, $30\equiv 4 \pmod{26}$이고, $27\equiv 1 \pmod{26}$이므로, $30+27 \pmod{26}\equiv 30 \pmod{26}+27 \pmod{26}$인 것을 알 수 있습니다.

2. 한 알파벳의 사용 빈도 한 문장, 문단 혹은 책에서 사용된 모든 알파벳의 글자수에 대한 특정 알파벳의 사용개수의 비를 나타낸 값을 말합니다. 즉 그 알파벳이 다른 알파벳에 비해 얼마나 자주 사용되었는가를 나타내는 수치입니다.

   예를 들어, 'I am a student'란 문장에서 총 글자수는 11개인데, 이 중 $a$는 두 번 사용되어서 $\frac{2}{11}\times 100 \fallingdotseq 18\%$의 사용빈도를 가집니다.

지난 시간에는 시저 암호에 대해서 배웠습니다. 특히 로마의 황제 시저가 암호를 해독하지 못하여 안타깝게 암호문의 내용대로 암살자에게 암살을 당한 비운의 역사적 사건을 살펴보았습니다. 시저 암호함수는 평문에 간단히 비밀키 $k$를 더한 뒤, 26에 대한 나머지 연산을 하는 것이었고, 해독함수는 반대로 암호문에 비밀키 $k$를 뺀 후, 26에 대한 나머지 연산을 하면 되었습니다. 그런데 우리가 만약 시저 암호의 비밀키 $k$를 모르고도 시저 암호를 해독할 수 있을까요?

비밀키 $k$는 암호문을 만드는 사람이 마음대로 정할 수 있고, 다른 사람 모르게 비밀로 간직하는 수입니다. 이때 비밀키 $k$는 어떤 정수든지 상관 없습니다. 그러나 시저 암호의 문제는 26에 대한 나머지 연산을 한다는 것입니다. 그래서 비밀키 $k$가 26을 넘는 어떤 수라고 하여도 결국 암호문을 만들 때는 0과 25사이에 있는 어떤 수로 작용을 한다는 것입니다. 예를 들어, 비밀키로 94라는 수를 택했다고 합시다. 그러면 암호함수는 $f(x) \equiv x+94 \pmod{26}$이 되겠지요. 그럼, 지난 시간에 했던 것과 같이 B라는 알파벳의 암호를 만들어 봅시다. 앞의 표에서 B는 숫자 1에 대응되고, 1에 비밀키 94를 더한 값 95를 26에 대한 나머지로 취하면 17이라는 수를 얻게 됩니다. 다시 표에서 17에는 알파벳 R이 대응되므로 B는 R로 암호화되겠지요. 그런데 이번에는 비밀키 94를 작용하는 것이 아니라, 94의 26에 대한 나머지 값 16을 비밀키로 작용해 봅시다. 그러나 이 경우에도 역시 B에 암호함수 $f(x) \equiv x+16 \pmod{26}$을 작용하면 17이라는 수를 얻어 R

로 암호화되는 것을 알 수 있습니다. 즉

$1+94 \equiv 17 \pmod{26}$,

$1+(94 \bmod 26) \equiv 1+16 \equiv 17 \pmod{26}$이므로

$(1+94) \bmod 26 \equiv (1 \bmod 26)+(94 \bmod 26)$와 같이 됩니다.

사실 나머지 연산은 덧셈이나 뺄셈연산에 대해서 어느 연산을 먼저 하여도 계산값은 같다는 성질을 가지고 있습니다. 즉 어떤 두 수를 더한 후 나머지 연산을 계산하나, 각각 두 수의 나머지 연산값을 더하나 계산결과는 같다는 것입니다.

$$(a+b) \bmod 26 \equiv (a \bmod 26)+(b \bmod 26)$$
$$(a-b) \bmod 26 \equiv (a \bmod 26)-(b \bmod 26)$$

따라서 비밀키를 아무리 큰 수로 잡는다고 하여도 결국 26을 넘지 못하는 것입니다. 이것은 시저 암호를 아주 약하게 만드는 한 요인이 됩니다. 왜냐하면 우리는 비밀키 $k$를 모른다고 하여도 $k$를 0부터 25까지 하나씩 비밀키로 잡아서 암호문을 해독해 보면 26가지 해독문이 만들어질 테고, 그 중에서 말이 되는 한 해독문을 택하면 됩니다. 이 정도 계산이면 누구나 쉽게 비밀키

를 모르고도 시저 암호를 해독할 수 있을 것입니다. 자, 그럼 이 방법을 이용하여 다음 암호문을 해독해 보세요.

튜링은 칠판에 다음과 같은 암호문을 적습니다.

다음은 암호문 HJBBTG에 대한 26가지 가능한 해독문입니다. 과연 올바른 해독문은 이 중 어느 것일까요?

| HJBBTG | LNFFXK | PRJJBO | TVNNFS | XZRRJW | BDVVNA | FHZZRE |
|---|---|---|---|---|---|---|
| IKCCUH | MOGGYL | QSKKCP | UWOOGT | YASSKX | CEWWOB | GIAASF |
| JLDDVI | NPHHZM | RTLLDQ | VXPPHU | ZBTTLY | DFXXPC | |
| KMEEWJ | OQIIAN | SUMMER | WYQQIV | ACUUMZ | EGYYQD | |

이렇게 26가지의 비밀키를 모두 계산하는 방법 말고, 다른 식으로 시저 암호를 공격하는 방법도 있습니다. 바로 영어단어의 사용빈도를 이용하는 방법입니다. 우리가 일상적으로 사용하는 말이나 문장 중에는 자주 사용되는 단어나 철자가 있습니다. 우리말에서는 동사의 마지막에 꼭 붙어다니는 '~이다', '~하다'의 '다'라는 철자나 조사의 '은', '는'과 같은 철자가 많이 사용됩니다. 마찬가지로 영어에서도 모음 'e'가 가장 많이 사용되는 알파벳입니다. 책이나 신문, 잡지, 방송 등에서 사용되는 말이나 문장들을 가지고 거기에 있는 알파벳들의 사용빈도를 조사하면 모든 영문 알파벳에 대한 사용빈도를 얻을 수 있을 것입니다. 이렇게 해서 얻은 자료가 다음의 표와 같습니다.

| 알파벳 | 사용 빈도(%) | 알파벳 | 사용 빈도(%) |
| --- | --- | --- | --- |
| A | 8.2 | N | 6.7 |
| B | 1.5 | O | 7.5 |
| C | 2.8 | P | 1.9 |
| D | 4.3 | Q | 0.1 |
| E | 12.7 | R | 6.0 |
| F | 2.2 | S | 6.3 |
| G | 2.0 | T | 9.1 |
| H | 6.1 | U | 2.8 |
| I | 7.0 | V | 1.0 |
| J | 0.2 | W | 2.3 |
| K | 0.8 | X | 0.1 |
| L | 4.0 | Y | 2.0 |
| M | 2.4 | Z | 0.1 |

이 표에서 보면, E의 사용빈도가 가장 높고 다음으로 T, A, O의 순서가 됨을 알 수 있습니다. 그리고 반대로 Q, X, Z 등은 사

용빈도가 낮다는 것을 알 수 있습니다. 우리가 일상적으로 사용하는 영어단어들을 생각하면 수긍이 갈 것입니다. 암호문이라는 것이 일상적인 말이나 문장인 평문을 암호화한 것입니다. 따라서 암호문 안에는 평문에 많이 들어있는 알파벳에 대한 암호문자도 많이 들어있을 것입니다. 그러므로 암호문 안에서 자주 나타나는 알파벳을 위의 사용빈도표를 이용하여 평문의 어떤 알파벳인지 쉽게 추정할 수 있을 것입니다. 이렇게 일부 암호문자를 추정한 후, 낱말 빈 칸 채우기 퍼즐을 푸는 것 같이 나머지 암호문도 해독해 나가는 것입니다.

그럼, 이 방법을 이용하여 다음의 암호문을 한번 해독해 봅시다.

튜링은 약간 긴 암호문을 칠판에 적습니다.

XLIC AIVI PSSOMRK WXVEMKLX
MRXS XLI ICIW SJ E QSRWXVSYW
HSK, E HSK XLEX JMPPIH XLI ALSPI
WTEGI FIXAIIR GIMPMRK ERH JPSSV

먼저 이 암호문에서 각 알파벳의 출현 빈도를 조사해 봅시다. 총 98개의 철자 중에 알파벳 I가 14번으로 가장 많이 나타나고 있는 것을 알 수 있습니다. 이를 퍼센트로 표시하면, $\frac{14}{98}\times100 \fallingdotseq 14.3(\%)$임을 알 수 있습니다. 다음으로 많이 나타난 문자는 S로 총 11번 나타났고, 이는 $\frac{11}{98}\times100 \fallingdotseq 11.2(\%)$입니다. 이렇게 모든 출현 빈도 퍼센트를 계산하여 정리하면 다음과 같습니다.

| I : 14.3 | P : 6.1 | A : 3.1 | Q : 1.0 | U : 0.0 |
|---|---|---|---|---|
| S : 11.2 | R : 6.1 | J : 3.1 | T : 1.0 | Z : 0.0 |
| X : 10.2 | K : 5.1 | C : 2.0 | Y : 1.0 | |
| E : 6.1 | W : 5.1 | G : 2.0 | B : 0.0 | |
| L : 6.1 | H : 4.1 | F : 1.0 | D : 0.0 | |
| M : 6.1 | V : 4.1 | O : 1.0 | N : 0.0 | |

이제 이 자료와 위의 알파벳 사용빈도표를 비교하여 암호문 해독을 진행해 나가면 됩니다. 먼저 암호문에서 I가 가장 많이 나타났으므로, I를 E에 대한 암호문이라고 추정할 수 있습니다. 다음으로 많이 나타난 S와 X는 일상 알파벳 사용빈도로 보아, T나 A 혹은 O에 대한 암호라고 생각할 수 있습니다.

이 암호문을 자세히 보면, XL이라는 문자가 자주 나타나고 있는 것을 볼 수 있습니다. 이것은 영어에서 자주 나타나는 TH의 암호라고 추측할 수 있습니다. 조금 전에 X가 T나 A 혹은 O의 암호라고 가정한 것과 일치합니다. 그러면 S에 해당하는 평문을 A 혹은 O라고 그 후보를 줄일 수 있습니다. 그런데 암호문에서 SS가 두 번 연속으로 나타나는 점으로 미루어보아 AA에 대한 암호라기보다는 OO에 대한 암호라고 추정하는 것이 더 자연스럽습니다. 지금까지의 추정을 종합하여 암호문을 해독해 보면 다음과 같습니다.

추정1 : I → E, X → T, L → H, S → O

```
XLIC AIVI PSSOMRK WXVEMKLX MRXS XLI ICIW
THE   E E  OO      T    HT   TO THE E E
SJ E QSRWXVSYW HSK E HSK XLEX JMPPIH XLI
O     O  T O    O     O  TH T     E  THE
ALSPI WTEGI FIXAIIR GIMPMRK ERH JPSSV
 HO E     E  ET EE   E            OO
```

자, 그럼 이제 가운데 문장 중 XLEX가 TH?T의 암호문이라는 사실로부터 E가 A에 대한 암호라는 것을 쉽게 추정할 수 있겠지요. 그리고 XLIC가 THEY의 암호문이라는 추정으로부터 C에 해당하는 평문을 알 수 있습니다. 다음으로 많이 나타나는 M에 대한 평문을 찾아봅시다. 역시 알파벳 사용빈도표를 보면, M이 I에 대한 암호라는 것을 추정할 수 있습니다. 또한 암호문에서 MRK라는 단어가 어떤 단어 끝부분에 두 번씩 나타나고 있다는 것은 이것이 ING에 대한 암호라는 강한 의심을 가지게 합니다. 역시 지금까지의 추론이 어느 정도 맞을지 빈칸들을 채워 넣어 봅시다.

추정2 : E → A, C → Y, M → I, R → N, K → G

```
XLIC AIVI PSSOMRK WXVEMKLX MRXS XLI ICIW
THEY  E E  OO ING  T AIGHT INTO THE EYE

SJ E QSRWXVSYW HSK E HSK XLEX JMPPIH XLI
O  A  ON T O    OG A  OG THAT  I  E  THE

ALSPI WTEGI FIXAIIR GIMPMRK ERH JPSSV
 HO E   A E  ET EEN  EI ING AN    OO
```

지금까지 추정한 결과를 보니, HSK가 ?OG로, ERH가 AN?에 대한 암호였다는 것을 알 수 있습니다. 이를 통해 공통으로 들어갈 H에 대한 평문은 D라는 것을 쉽게 찾아 낼 수 있습니다. 다음으로 ICIW가 EYE?의 암호라는 것으로부터 W는 S에 대한 암호로 추정할 수 있습니다. 따라서 WXVEMKLX는 STRAIGHT라고 쉽게 생각할 수 있으므로 V는 R에 대한 암호가 됩니다.

추정3 : H → D, W → S, V → R

```
XLIC AIVI PSSOMRK WXVEMKLX MRXS XLI ICIW
THEY  ERE  OO ING STRAIGHT INTO THE EYES

SJ E QSRWXVSYW HSK E HSK XLEX JMPPIH XLI
O  A  ONSTRO S DOG A DOG THAT  I  ED THE

ALSPI WTEGI FIXAIIR GIMPMRK ERH JPSSV
 HO E S A E  ET EEN  EI ING AND   OOR
```

그러면 이제 QSRWXVSYW가 MONSTROUS의 암호라는 것, SJ는 OF, JPSSV는 FLOOR, PSSOMRK는 LOOKING, JMPPIH는 FILLED, AIVI는 WERE, ALSPI는 WHOLE의 암호라는 것을 추정할 수 있고 이로부터 전체의 암호문을 해독할 수 있을 것입니다.

THEY WERE LOOKING STRAIGHT INTO THE EYES OF A MONSTROUS DOG, A DOG THAT FILLED THE WHOLE SPACE BETWEEN CEILING AND FLOOR 해리포터 1권 중에서

물론 중간에 예측이 틀려서 암호문에 대한 평문을 다시 추정해야 할 경우도 생길 수 있습니다. 실제 한 번의 추정으로 암호문을 해독한다는 것은 쉬운 일이 아닙니다. 그러나 중요한 점은 이러한 영어 사용 통계를 이용하여 몇 번의 시행착오를 거치면 시저 암호와 같은 간단한 암호들은 모두 풀릴 수 있다는 것입니다. 더욱이 시저 암호의 또 다른 약점은 평문의 알파벳들을 모두 같은 수만큼 옆으로 이동시켜서 암호화하기 때문에 암호문도 영어 사용 빈도를 그대로 따르게 된다는 점입니다.

위의 암호해독방법의 예를 보았겠지만, 암호해독이라는 것이 결국 낱말 퍼즐 풀이와 비슷합니다. 꼭 암호라고해서 수학적으로 멋있게 풀어야 한다는 것은 아닙니다. 수많은 예측과 가정으로 물론 그 예측과 가정이 수학과 같은 든든한 근거를 가지고 나온 것이라면 시행착오를 줄일 수 있겠죠 많은 시행착오를 거쳐 문제를 하나하나 해결해 나가는 것이 결국 암호의 해독방법이고, 이는 사실 수학 문제 풀이와도 비슷합니다.

그럼, 퍼즐에 관심있는 학생들을 위해 다음의 암호도 한 번 해독해 볼까요?

튜링은 학생들에게 다음과 같은 숙제를 내고, 수업을 마칩니다.

〈숙제〉

UTIK AVUT G ZOSK OT G QOTMJUS LGX

GCGE ZNK QOTM GTJ WAKKT CKXK HRKYYKJ

COZN G HKGAZOLAR HGHE MOXR GTJ

ZNXUAMNUAZ ZNK RGTJ KBKXEUTK CGY NGVVE

〈답〉

ONCE UPON A TIME IN A KINGDOM FAR AWAY THE KING AND QUEEN WERE BLESSED WITH A BEAUTIFUL BABY GIRL AND THROUGHOUT THE LAND EVERYONE WAS HAPPY

세번째

# 수업 정리

❶ 영문 알파벳에 대한 시저 암호함수는 $x+k \pmod{26}$인데, 나머지 연산의 성질에 의해, 이는 $(x \bmod 26)+(k \bmod 26)$와 같습니다. 따라서 비밀키 $k$의 가능한 값은 0부터 25까지 밖에 없습니다. 이는 시저 암호의 치명적인 약점이 됩니다.

❷ 시저 암호는 단순히 평문의 알파벳을 몇 칸 옆에 있는 알파벳으로 바꾸는 암호이기 때문에 암호문은 평문 알파벳의 사용빈도를 그대로 따르게 됩니다. 따라서 영문 알파벳의 사용빈도를 이용하면 비밀키를 모르고도 시저 암호를 해독할 수 있습니다.

❸ 암호문 해독의 가장 기본적인 방법은 추정에 따른 여러 번의 시행착오를 거쳐서 낱말 하나하나를 알아내는 것입니다. 이는 낱말 퍼즐 풀이와 비슷합니다.

튜링과 함께 하는 쉬는 시간 3

# DES와 AES

DES the Data Encryption Standard는 1977년 미국 연방 표준으로 공표된 비밀키 암호입니다. 이것은 5년마다 안전성 평가를 통해서 1998년까지 그 안정성을 인정받아 온 암호입니다. 그런데 컴퓨터 속도의 비약적인 발전으로 더 이상 그 안전성을 보장할 수 없게 되었고, DES를 대체할 새로운 비밀키 암호를 공모하게 되었습니다. 그 결과 우리나라에서 제안된 암호를 포함하여 몇 개의 암호 후보들이 그 안정성과 실용성 등에 대해 경합을 벌였지만, 2000년 8월에 벨기에의 암호학자인 다이몬J. Daemen, 라이몬V. Rijmen에 의해서 제안된 라인달Rijndael이라는 암호가 차기 표준인 AES Advanced Encryption Standard으로 선정되었습니다.

AES의 대강의 암호화 과정은 다음과 같습니다.

1. 암호화할 평문을 수로 바꾼 후, 그 수들을 행렬에 배치한다.

2. 그 수에 비밀키를 더한다.

3. 라운드4개의 과정으로 구성

   1) 각 수들은 규칙에 의해 다른 수들로 바꾼다.

   2) 행렬의 행에 있는 수들을 규칙에 의해 옆으로 자리를 바꾼다.

   3) 행렬의 열에 있는 수들을 규칙에 의해 다른 수들로 바꾼다.

   4) 수에 비밀키를 더한다.

4. 3의 과정을 경우에 따라 10혹은 12이나 14번씩 반복한다.

5. 3-3)번 과정을 제외한 3번 과정을 한 번 더 반복한다.

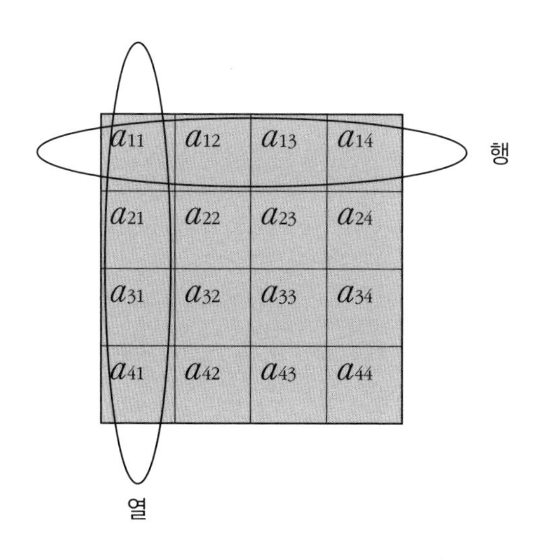

조금 더 자세한 AES 암호화 과정은 인터넷에서 쉽게 찾아 볼 수 있습니다. 일반적으로 현대 암호의 알고리즘들은 비밀이 아니라 공개하는 것을 원칙으로 하고 있습니다. 단지 암호의 안전성은 비밀키에만 의존하고 있습니다. 만약 AES의 약점을 발견한다면 세계적으로 큰 일이 될 것입니다.

참고로 우리나라에도 SEED라는 비밀키 암호 알고리즘이 있습니다. 이것에 대해서는 한국정보보호진흥원 홈페이지에 들어가 보면 더 많은 정보를 얻을 수 있을 것입니다.

# 시저 암호의 변형된 암호에 대하여 알아봅시다

안전한 암호에 대하여 알아봅시다.

1. 시저 암호의 변형들에 대해서 알 수 있습니다.
2. 시저 암호의 약점들을 보완하는 방법에 대해서 알 수 있습니다.

## 미리 알면 좋아요

1. 다중 시저 암호 시저 암호는 모든 문자에 한 가지 비밀키만을 작용했으나, 다중 시저 암호는 각 문자마다 다른 비밀키를 작용하는 암호입니다.
   예를 들어서, 암호화할 문장 중 첫 번째 문자에는 비밀키 1, 두 번째 문자에는 비밀키 2, 세 번째 문자에는 비밀키 3을 작용한 다중 시저 암호를 생각할 수 있을 것입니다.

2. 비밀키의 길이 각 문자마다 다른 비밀키를 작용하여 암호문을 만들 때 사용된 비밀키의 개수를 말합니다.
   예를 들어서, 비밀키 (1, 2, 3)이란 첫 번째 문자에는 비밀키 1, 두 번째 문자에는 비밀키 2, 세 번째 문자에는 비밀키 3을 작용하는 것으로, 그 다음 문자부터는 다시 (1, 2, 3)을 작용하게 됩니다. 이 비밀키를 길이 3인 비밀키라고 부릅니다. 일반적으로 길이 $n$인 비밀키를 생각할 때, $n$개의 비밀키들이 모두 다를 필요는 없습니다.

지난 시간에는 시저 암호의 약점과 그 약점으로 인해 비밀키를 모르고도 시저 암호를 해독할 수 있다는 것을 알아보았습니다. 시저 암호는 평문의 모든 문자를 0에서 25까지의 한 숫자만큼 옆으로 평행이동시키는 형태였기 때문에 비밀키를 예측할 때, 26가지의 가능성만 고려하면 되었습니다. 또한 모든 문자를 같은 수만큼 평행이동하기 때문에 영어문장에서 영어철자들의 사용빈도수라는 특징이 암호문에도 고스란히 나타나는 약점을 가지고 있었습니다. 그러면 이러한 약점들을 보완하여 안전한 암호를 만들기 위해서는 어떻게 해야 할까요? 이런 약점을 보완한 시저 암호들의 변형된 암호에 대해 알아봅시다.

가장 먼저 생각할 수 있는 방법은 각 문자마다 다르게 비밀키를 작용하는 것입니다. 예를 들어서 첫 번째 문자는 그 알파벳에서 1칸 옆에 있는 알파벳으로 암호화하고, 두 번째 문자는 2칸 옆에 있는 알파벳으로 암호화하는 방식입니다. 이를 암호함수로 나타내면 다음과 같습니다.

$$f(x_1, x_2, x_3, \cdots, x_n)$$
$$\equiv (x_1+1, x_2+2, x_3+3, \cdots, x_n+n) \bmod 26$$

이와 같은 방식으로 다음 단어 NEXT을 암호화하여 봅시다. 각 문자를 둘째 날에 사용한 표를 이용하여 숫자로 바꾸고 암호함수를 적용하는 것은 앞의 방식과 같습니다. 단지 첫 번째 철자 N에는 비밀키 1이 작용하는 시저 암호이고, 두 번째 철자 E

에는 비밀키 2가 작용하고, 세 번째 철자 X에는 3, 네 번째 철자 T에는 4가 작용한다는 점이 다를 뿐입니다. 즉 각 철자마다 다른 비밀키를 가지고 시저 암호를 여러번 작용하면 됩니다. 이런 식으로 암호화 해보면 다음과 같음을 알 수 있습니다.

| 평문 | 수 | $x_i+i$ | mod 26 | 암호문 |
|---|---|---|---|---|
| N | 13 | 14 | 14 | O |
| E | 4 | 6 | 6 | G |
| X | 23 | 26 | 0 | A |
| T | 19 | 23 | 23 | X |

이런 식으로 각 문자마다 다른 비밀키로 작용하는 암호방식을 비게네르Vigenere 암호[7]라고 부릅니다.

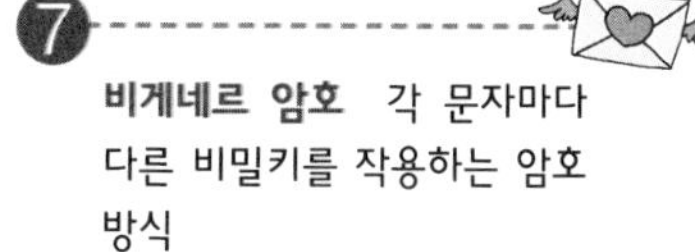

7 **비게네르 암호** 각 문자마다 다른 비밀키를 작용하는 암호 방식

비게네르 암호는 암호함수로 표현하면 다음과 같습니다.

$$f(x_1, x_2, x_3, \cdots, x_n)$$
$$=(x_1+k_1, x_2+k_2, x_3+k_3, \cdots, x_n+k_n)$$

비밀키가 한 숫자였던 시저암호에 비해 문자의 개수만큼 비밀키의 수가 늘어났습니다. 그러나 비밀키 $k_i$들의 개수가 문자의 개수만큼 많을 필요는 없습니다. 예를 들어서, 비밀키를 (4, 2, 3, 7)로 정한 후, (4, 2, 3, 7)을 반복해서 사용하면 됩니다. 이 경우 암호함수는

$$f(x_1, x_2, x_3, x_4, x_5, \cdots)$$
$$=(x_1+4, x_2+2, x_3+3, x_4+7, x_5+4, x_6+2, x_7+3, \cdots)$$

와 같은 형태가 될 것입니다. 여기서 비밀키에 있는 수의 개수를 비밀키의 길이라고 부릅니다. 예를 들어, 비밀키 (4, 2, 3, 7)은 길이 4인 비밀키이고 (5, 3, 7, 1, 9)는 길이 5인 비밀키가 되는 것이겠지요. 여기서 한 가지 재미있는 사실은 비밀키의 길이

가 길어질수록 암호문에서 나타나는 영어 철자들의 사용빈도 통계의 특징이 점점 사라진다는 점입니다. 이것은 실험적으로 쉽게 보일 수 있지만 생각해 보면, 길이가 긴 비밀키를 적용한 암호문이 더 복잡할 것이라는 것은 쉽게 짐작할 수 있습니다.

비밀키가 긴 암호문일수록 풀기 어려운 암호라는 것은 알게 되었지만, 문제는 길이가 긴 비밀키를 어떻게 기억할까 혹은 이러한 비밀키를 다른 사람에게 어떻게 효율적으로 전달할 수 있을까 입니다.

비밀키를 기억하는 한 가지 방법은 어떤 단어 혹은 문장을 비밀키로 삼는 것입니다. 이를 위해서 다음과 같은 문자표를 살펴봅시다.

| A | B | C | D | E | F | G | H | I | J | K | L | M | N | O | P | Q | R | S | T | U | V | W | X | Y | Z |
|---|---|---|---|---|---|---|---|---|---|---|---|---|---|---|---|---|---|---|---|---|---|---|---|---|---|
| B | C | D | E | F | G | H | I | J | K | L | M | N | O | P | Q | R | S | T | U | V | W | X | Y | Z | A |
| C | D | E | F | G | H | I | J | K | L | M | N | O | P | Q | R | S | T | U | V | W | X | Y | Z | A | B |
| D | E | F | G | H | I | J | K | L | M | N | O | P | Q | R | S | T | U | V | W | X | Y | Z | A | B | C |
| E | F | G | H | I | J | K | L | M | N | O | P | Q | R | S | T | U | V | W | X | Y | Z | A | B | C | D |
| F | G | H | I | J | K | L | M | N | O | P | Q | R | S | T | U | V | W | X | Y | Z | A | B | C | D | E |
| G | H | I | J | K | L | M | N | O | P | Q | R | S | T | U | V | W | X | Y | Z | A | B | C | D | E | F |
| H | I | J | K | L | M | N | O | P | Q | R | S | T | U | V | W | X | Y | Z | A | B | C | D | E | F | G |
| I | J | K | L | M | N | O | P | Q | R | S | T | U | V | W | X | Y | Z | A | B | C | D | E | F | G | H |
| J | K | L | M | N | O | P | Q | R | S | T | U | V | W | X | Y | Z | A | B | C | D | E | F | G | H | I |
| K | L | M | N | O | P | Q | R | S | T | U | V | W | X | Y | Z | A | B | C | D | E | F | G | H | I | J |
| L | M | N | O | P | Q | R | S | T | U | V | W | X | Y | Z | A | B | C | D | E | F | G | H | I | J | K |
| M | N | O | P | Q | R | S | T | U | V | W | X | Y | Z | A | B | C | D | E | F | G | H | I | J | K | L |
| N | O | P | Q | R | S | T | U | V | W | X | Y | Z | A | B | C | D | E | F | G | H | I | J | K | L | M |
| O | P | Q | R | S | T | U | V | W | X | Y | Z | A | B | C | D | E | F | G | H | I | J | K | L | M | N |
| P | Q | R | S | T | U | V | W | X | Y | Z | A | B | C | D | E | F | G | H | I | J | K | L | M | N | O |
| Q | R | S | T | U | V | W | X | Y | Z | A | B | C | D | E | F | G | H | I | J | K | L | M | N | O | P |
| R | S | T | U | V | W | X | Y | Z | A | B | C | D | E | F | G | H | I | J | K | L | M | N | O | P | Q |
| S | T | U | V | W | X | Y | Z | A | B | C | D | E | F | G | H | I | J | K | L | M | N | O | P | Q | R |
| T | U | V | W | X | Y | Z | A | B | C | D | E | F | G | H | I | J | K | L | M | N | O | P | Q | R | S |
| U | V | W | X | Y | Z | A | B | C | D | E | F | G | H | I | J | K | L | M | N | O | P | Q | R | S | T |
| V | W | X | Y | Z | A | B | C | D | E | F | G | H | I | J | K | L | M | N | O | P | Q | R | S | T | U |
| W | X | Y | Z | A | B | C | D | E | F | G | H | I | J | K | L | M | N | O | P | Q | R | S | T | U | V |
| X | Y | Z | A | B | C | D | E | F | G | H | I | J | K | L | M | N | O | P | Q | R | S | T | U | V | W |
| Y | Z | A | B | C | D | E | F | G | H | I | J | K | L | M | N | O | P | Q | R | S | T | U | V | W | X |
| Z | A | B | C | D | E | F | G | H | I | J | K | L | M | N | O | P | Q | R | S | T | U | V | W | X | Y |

이 문자표는 맨 윗줄은 알파벳 ABCD를 차례대로 나열하였고, 그 다음 줄부터는 ABCD를 왼쪽으로 한 칸씩 밀려서 적은 것입니다. 즉 두 번째 줄은 비밀키 1을 가지는 알파벳 ABCD의

시저 암호이고, 세 번째 줄은 비밀키 2, 네 번째 줄은 비밀키 3을 가지는 시저 암호들이라는 것을 알 수 있습니다.

비게네르 암호는 시저 암호를 여러 번 작용한 것이므로 위의 표를 이용하면 비게네르 암호의 비밀키를 문자로 표현할 수 있습니다. 예를 들어, 비밀키로 BED라는 단어를 선택했다는 것은 (1, 4, 3)을 비밀키로 선택했다는 것과 같은 말입니다. B는 맨 왼쪽 세로줄에서 두 번째 줄에 있고, 여기서 두 번째 줄은 비밀키 1을 가지는 시저암호에 해당합니다. E는 맨 왼쪽 세로줄에서 다섯 번째 줄에 있고, 여기서 다섯 번째 줄은 비밀키 4를 가지는 시저암호에 해당합니다. D는 맨 왼쪽 세로줄에서 네 번째 줄에 있고, 여기서 네 번째 줄은 비밀키 3를 가지는 시저암호에 해당합니다.

이제는 비밀문자를 숫자로 바꾼 후 시저 암호를 적용하는 번거로움 없이 위의 문자표만 보고 직접 비게네르 암호를 만들 수 있습니다. 비밀키를 white로 선택했을 때 vacation이라는 단어를 암호화해 봅시다. 이는 길이 5를 가지는 비밀키 (22, 7, 8,

19, 4)로 암호화한 것과 같습니다. 첫 번째 철자 v에는 비밀키 w가 작용하는데, 맨 위의 줄에서 v가 있는 세로줄과 맨 왼쪽 세로줄에서 w가 있는 가로줄이 만나는 곳에 있는 문자 r이 v의 암호가 됩니다. 두 번째 철자 a에는 비밀키 h가 작용하는데, 맨 위의 줄에서 a가 있는 세로줄과 맨 왼쪽 세로줄에서 h가 있는 가로줄이 만나는 곳에 있는 문자 h가 a의 암호가 됩니다. 즉 맨 위의 줄에서 평문이 있는 문자의 세로줄과 각 문자에 적용되는 비밀키의 문자가 있는 맨 왼쪽 줄에서의 가로줄이 만나는 곳의 문자를 찾아서 암호문을 만드는 것입니다. 나머지 문자도 이런 식으로 암호화해 보세요.

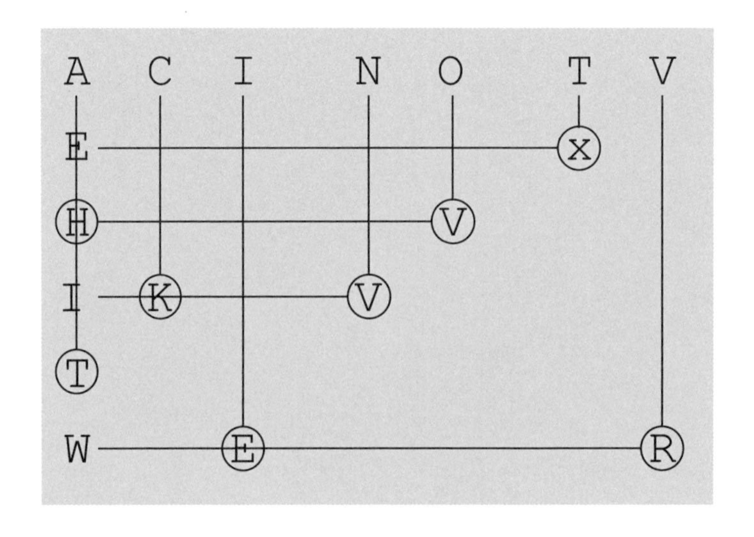

이런 방법을 이용하면 우리가 사용하는 일상적인 단어나 문장을 비게네르 암호의 비밀키로 사용할 수 있습니다. 또한 비밀키의 길이가 길면 길수록 암호문의 약점인 통계적 특성이 사라지므로, 두 사람이 똑같은 책을 가지고 있으면 그 책의 몇 페이지부터의 글을 비밀키로 사용할 수도 있을 것입니다.

그럼, 이러한 비게네르 암호도 약점을 가지고 있을까요? 문제는 비밀키의 길이에 있습니다. 만약 비밀키의 길이를 알아낼 수 있고, 충분한 양의 암호문을 얻을 수 있으면 비게네르 암호도 비밀키를 모른 채 해독할 수가 있습니다.

비밀키의 길이가 3이라고 해 봅시다. 그러면 비게네르 암호함수는 다음과 같을 것입니다.

$$f(x_1, x_2, x_3, x_4, x_5, \cdots)$$
$$=(x_1+k_1, x_2+k_2, x_3+k_3, x_4+k_1, x_5+k_2, x_6+k_3, x_7+k_1, \cdots)$$

이 함수를 보면 첫 번째, 네 번째, 일곱 번째 등의 문자는 같은 키 $k_1$으로 암호화되고, 두 번째, 다섯 번째, 여덟 번째 등의 문자는 키 $k_2$로 암호화되는 것을 알 수 있습니다. 즉 비밀키의 길이 간격을 두고 있는 문자들은 같은 키로 암호화되는 것입니다. 같은 키로 암호화되는 문자들을 모으면 이 암호문은 결국 시저 암호와 같으므로 시저암호의 약점들을 그대로 가지게 되는 것입니다.

그러면 비밀키의 길이는 어떻게 알아낼 수 있을까요? 이것은 역시 시저암호에서 사용했던 영어 단어나 문장들의 통계적 성질로부터 알아낼 수 있습니다. 영어에서는 THE, ING, AND와 같이 자주 사용되는 철자군들이 있습니다. 이런 철자군들은 암호문 속에서 다른 형태로 여러 번 나타날 것입니다. 그러면 그 반복된 간격이 바로 비밀키 길이의 배수가 될 것입니다. 왜냐하면 많이 나타나는 암호문에서의 철자군이 다른 평문에서의 철자군에 비해 다른 비밀키를 적용해서 나왔을 확률은 아주 희박하기 때문입니다. 즉 암호문에서 자주 나타나는 철자군들은 같은 단어의 같은 비밀키로 적용해서 나온 것일 확률이 크고, 이것이 비밀키의 길이에 대한 정보를 알려주는 것입니다.

따라서 안전한 비게네르 암호를 만들기 위해서는 최소한 평문의 길이보다 긴 비밀키를 사용해야만 합니다. 그러나 한 가지 더 주의해야 할 사항은 길이가 긴 비밀키라도 우리가 일상적으로 사용하는 문장을 비밀키로 사용해서는 안 된다는 것입니다. 왜냐하면 영어 단어의 통계적 특성으로 인해 비밀키에 위와 같은 공격이 가능해지기 때문입니다. 따라서 안전한 암호를 만들기 위해서는 길이가 긴, 그리고 그 길이를 예측할 수 없고 어떤 통계적 특성을 가지지 않는 비밀키들이 필요합니다.

이러한 비밀키들로 적합한 것이 바로 난수라고 하는 것입니

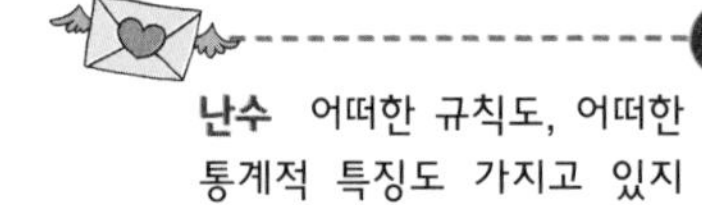

**난수** 어떠한 규칙도, 어떠한 통계적 특징도 가지고 있지 않은 수들

다. 난수[8]란 어떠한 규칙도, 어떠한 통계적 특징도 가지고 있지 않은 수들을 말합니다.

예를 들어서 동전을 던져서 앞면이 나오면 0, 뒷면이 나오면 1을 선택하기로 합시다. 이때, 동전을 계속 던져서 앞, 뒷면이 나온 결과에 따라 0과 1을 계속해서 적어나가면 이 수들은 난수라고 할 수 있습니다. 왜냐하면 우리가 신이 아닌 이상 동전의 앞 · 뒷면이 나오는 경우를 예측하거나 조정할 수 없고, 어떠한 특성이 없는 수이기 때문입니다. 사실 이러한 난수의 개념과 실제 난수를 만드는 것은 매우 어려운 문제입니다. 왜냐하면 인간이 만들어 낸 수는 결국 신이 아닌 유한한 능력을 가진 인간이 만든 수이기 때문입니다. 따라서 어떠한 난

수라도 결국은 인간이 분석해 낼 수 있는 어떤 특성을 가질 수 밖에 없습니다. 과연 인간이 분석할 수 없고, 어떠한 특징도 성질도 가지고 있지 않은 수들은 무엇일까요?

튜링은 학생들에게 어려운 질문을 던지고 수업을 마칩니다.

네번째
# 수업 정리

❶ 비게네르 암호란 각 문자에 다른 비밀키를 작용한 시저 암호입니다.

❷ 각 문자에 다른 비밀키를 작용하더라도 비밀키의 길이를 알면 결국 시저 암호에 했던 것과 같은 방법으로 암호문을 해독할 수 있습니다.

❸ 비밀키의 길이가 길어지면 길어질수록 암호문의 통계적인 특성이 사라지게 됩니다.

❹ 문자표를 이용하면 일상적인 말이나 문장도 비밀키로 사용될 수 있으나, 이 경우 비밀키가 통계적인 특성을 가지게 되므로 역시 약점으로 작용할 수도 있습니다.

## 튜링과 함께 하는 쉬는 시간 4

# 난수random number와 의사난수pseudorandom number

난수를 수학적으로 명확하게 정의하기는 어렵습니다. 왜냐하면 수학적으로 엄밀히 정의된 수는 이미 난수라고 불릴 수 없기 때문입니다. 일반적으로 0과 1들로 이루어진 수열을 난수라고 판정하는 여러 테스트가 있습니다. 그 중에 대표적인 테스트는 다음과 같습니다.

1. monobit 테스트 : 수열에서 0과 1의 출현빈도가 비슷한지를 알아보는 테스트.
2. two-bit 테스트 : 수열에서 00, 01, 10, 11의 출현빈도가 비슷한지를 알아보는 테스트.
3. 포카 테스트 : 수열에서 길이가 $m$인 패턴들의 출현빈도가 비슷한지를 알아보는 테스트.
4. Runs 테스트 : 수열에서 0이 1로, 1이 0으로 변하는 빈도가

비슷한지를 알아보는 테스트.

5. autocorrelation 테스트 : 원래 수열과 그 수열을 순환해서 얻어진 수열 사이에 어떤 관계가 있는지를 알아보는 테스트.

일반적으로 동전던지기나 물리적인 난수 현상들에서 얻어진 수들은 위의 테스트를 통과하여 난수로 받아들이고 있습니다. 그러나 매번 위와 같은 방법으로 난수를 얻기는 매우 불편할 것입니다. 따라서 효율적인 난수 발생기가 필요한데, 이것을 의사난수발생기라고 부릅니다. 의사난수발생기는 동전던지기나 물리적 현상에서의 난수를 가지고 난수와 통계적으로 구별할 수 없는 긴 의사난수를 만드는 알고리즘입니다. 즉 기존의 난수를 가지고 난수와 비슷한 수들을 많이 만들어 내는 방법입니다.

그러나 이러한 의사난수는 난수가 아니기 때문에 암호에 사용될 수 없는 것도 있습니다. 의사난수의 처음 몇 개의 수들로부터 다음 수를 높은 확률로 예측할 수 없는 의사난수를 암호학적으로 안전한 의사난수라고 부릅니다. 이러한 의사난수는 암호에서 비밀키 등으로 사용될 수 있을 것입니다.

# 공개키 암호에 대하여 알아봅시다

트랩도어trapdoor 일방향 함수에 대하여 알아봅시다.

## 다섯 번째 학습 목표

1. 공개키 암호의 개념을 알 수 있습니다.
2. 트랩도어 일방향 함수에 대해서 알 수 있습니다.

### 미리 알면 좋아요

1. 일방향 함수 함수의 계산은 쉬우나, 그 역함수의 계산은 어려운 함수를 말합니다첫 번째 수업 복습.

2. 비밀키 공유 암호 통신을 하기 위해서 두 사람이 같은 비밀키를 나누어 가지게 되는 것을 말합니다.

지금까지 배운 암호들은 두 사람이 비밀키를 공유하고 있어서 그 비밀키로 암호화와 복호화를 하는 암호들이었습니다. 이러한 암호들은 비밀키 암호라고 부릅니다. 오늘부터는 현대 암호라고 할 수 있는 공개키 암호에 대해서 알아보겠습니다. 먼저 공개키 암호의 개념을 이해하기 위해서 다음과 같은 문제를 생각해 봅시다.

튜링은 학생들에게 다음과 같은 이야기를 들려줍니다.

깊은 산골 두 마을에 찬범이와 벗린이라는 친구가 살았습니다. 어느 날 찬범이는 벗린이에게 귀중한 물건을 선물할 일이 생겼습니다. 그런데 문제는 찬범이와 벗린이가 사는 마을 중간에는 산적들이 살고 있어서 선물을 안전하게 보내는 것이 큰 문제였습니다. 그래서 찬범이는 아주 단단한 금고에 선물을 넣어서 보내기로 하였습니다. 문제는 그 금고의 열쇠를 어떻게 보낼까 하는 것이었습니다. 그 열쇠를 선물과 같이 동봉해서 보내면 아무리 단단한 금고라도 산적들이 그 열쇠를 가지고 금고를 쉽게 열 수 있기 때문입니다. 자, 어떻게 하면 그 선물을 안전하게 보낼 수 있을까요?

이 문제의 답은 생각하기에 따라 여러 가지가 있을 수 있을 것입니다. 그러나 우리에게 필요한 답은 다음과 같은 것입니다.

먼저 찬범이는 그 금고에 선물을 넣고 열쇠로 잠근 후, 열쇠는 남기고 금고만 벗린이에게 보냅니다. 벗린이는 금고를 받은 후, 그 금고에 자신의 단단한 자물쇠로 다시 채워서 역시 금고만 찬범이에게 보냅니다. 다시 그 금고를 받은 찬범이는 금고의 열쇠로 자신의 자물쇠를 열어두어 벗린이에게 보냅니다. 여기서 찬범이가 금고의 열쇠로 자물쇠를 열었어도 벗린이의 자물쇠가 아직 채워져 있기 때문에 그 자물쇠의 열쇠가 없는 한 누구도 그 금고를 열 수 없습니다. 마지막으로 벗린이는 자신의

자물쇠 열쇠로 그 자물쇠를 열어서 찬범이의 선물을 꺼내면 되는 것입니다.

위의 상황은 암호통신에서도 그대로 적용될 수 있습니다. 위의 이야기에서 선물을 평문으로, 찬범이의 금고 열쇠를 찬범이의 비밀키로, 금고 열쇠로 금고를 잠그는 것을 비밀키로 암호화한다고 생각하면 쉽게 이해가 될 것입니다. 결국 찬범이는 평문을 자신의 비밀키로 암호화해서 보낸 후, 이 암호문을 받은 벗린이도 자신의 비밀키로 다시 암호화한 후 찬범이에게 보냅니다. 다시 찬범이는 자신의 비밀키로 그 암호문을 해독해서 보내면 벗린이는 최종적으로 자신의 비밀키로 그 암호문을 해독하여 평문을 알아내는 것입니다.

그러면 앞에서 생각했던 비밀키 암호와의 차이는 무엇일까요?

그것은 두 사람이 서로 비밀키를 공유하고 있지 않아도 암호통신을 할 수 있다는 점입니다. 비밀키 암호에서는 두 사람이 같은 비밀키를 가지고 있어야만 서로 암호화하고 복호화할 수 있었습니다. 그러나 공개키 암호는 같은 비밀키를 공유하지 않고도 암호통신이 가능하다는 점이 비밀키 암호와의 커다란 차이입니다.

그럼, 실제로 위의 상황을 간단한 시저 암호를 이용하여 구현해 보도록 하겠습니다.

찬범이는 벚린이에게 TWO PM오후 2시이라는 단어를 다른 사람 모르게 암호문으로 전달하고자 합니다. 그런데 두 사람은 서로 비밀키를 공유하고 있지 않습니다. 찬범이의 시저 암호에서의 비밀키는 3이고, 벚린이의 비밀키는 16입니다. 먼저 찬범이가 벚린이에게 평문 TWO PM에 비밀키 3을 작용한 암호문 WZR SP를 보냅니다. 이 암호문을 받은 벚린이는 자신의 비밀키 16을 이용하여 WZR SP의 암호문 MPH IF를 다시 찬범이에게 보냅니다. 이것을 받은 찬범이는 자신의 비밀키 3을 이용하여 MPH IF를 복호화한 JME FC를 벚린이에게 보냅니다. 최종적으로 벚린이는 자신의 비밀키 16을 이용하여 JME FC를 복호화하여 TWO PM이라는 평문을 얻게 됩니다.

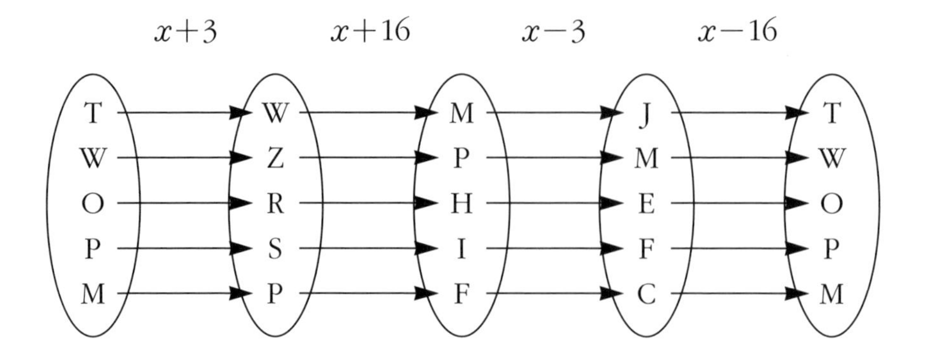


여기서 찬범이와 벗린이는 자신의 비밀키를 다른 사람에게 알려 주는 것 없이 암호문을 전달받고, 해독할 수 있었습니다.

그러나 위의 방법은 약간 번거로운 점이 있습니다. 즉 암호문이 찬범이와 벗린이 사이를 두 번씩 오가야 한다는 점입니다. 그러면 이러한 번거로운 점을 없앨 수 있는 방법은 무엇일까요?

다음과 같은 좋은 성질을 가지는 금고가 있다고 생각해 봅시다. 이 금고는 열쇠를 두 개 가지고 있어서 한 열쇠로는 금고를 잠글 수만 있고, 다른 열쇠로는 금고를 열 수만 있다고 해 봅시다. 이 금고와 잠그는 열쇠를 찬범이가 벗린이에게 보내면 벗린이는 이 금고에 선물을 넣어서 잠그는 열쇠로 잠근 후, 찬범이에게 금고를 다시 보냅니다. 그러면 이 금고를 열 수 있는 열쇠를 가지고 있는 찬범이만이 이 금고를 열 수 있을 것입니다. 따라서 위의 상황보다 쉽고 안전하게 선물을 보낼 수 있을 것입니다.

마찬가지로 암호통신에서도 두 개의 열쇠를 가진 암호가 있어서 한 열쇠로는 암호화만, 다른 열쇠로는 복호화만 가능하다고 하면 비밀키를 공유하고 있지 않아도 쉽게 암호통신을 할 수 있을 것입니다. 통신의 경우는 선물을 보내는 경우보다 더 간단합니다. 찬범이가 벚린이에게 암호화하는 방법과 암호화할 때 사용할 열쇠를 가르쳐 주면 벚린이는 그 열쇠를 가지고 암호화해서 찬범이에게 보내면 되기 때문입니다. 이때 찬범이는 암호화할 때 사용하는 열쇠를 다른 사람 모두 알게 가르쳐 주어도 상관이 없습니다. 왜냐하면 그 열쇠는 암호화 할 수 있는 열쇠이지 복호화 할 수 있는 열쇠는 아니기 때문입니다. 이렇게 암호화 할 때 사용하는 열쇠를 공개키, 복호화 할 때 사용하는 열쇠를 비밀키라고 부릅니다. 찬범이는 단지 비밀키만 다른 사람 모르게 잘 간직하고 있으면 됩니다. 이러한 공개키와 비밀키를 가지고 있는 암호방법을 공개키 암호라고 합니다.

비밀키 암호인 시저 암호가 지금으로부터 약 2000년 전부터 사용되었던데 반해, 공개키의 개념은 1976년대에 디피Diffie와 헬먼Hellman에 의해 소개되었습니다. 기존의 비밀키 암호로 두 사람이 암호통신을 하기 위해서는 사전에 비밀키를 공유하고 있어야 한다는 조건이 있었습니다. 이것은 암호통신에서 두 가지 약점으로 작용합니다. 첫째, 두 사람이 비밀키를 공유하기 위해서는 직접 만나거나 믿을 수 있는 다른 사람을 통해서 서로 비밀키를 공유해야 한다는 점입니다. 이것은 비밀키의 공유 및 관리가 쉽지 않다는 것을 의미합니다. 둘째, 처음 만나는 사람끼리는 암호통신을 할 수 없습니다. 그 두 사람은 사전에 비밀키를 공유하지 않았기 때문에 암호통신을 할 수가 없습니다. 이는 암호통신의 사용에 제한을 주는 측면입니다. 디피와 헬먼은 위에서 살펴본 공개키의 개념을 소개함으로써 이러한 문제를 해결한 것입니다. 이는 암호 역사상 획기적인 발견으로 현대 암호의 중요한 기반이 되고 있습니다.

디피는 공개키의 개념에서 더 나아가 위에서 살펴본 비밀키와 공개키라는 두 개의 열쇠를 가진 암호방식을 찾으려고 노력하였습니다. 그러나 그는 성공하지 못했고, 1978년 로널드 리베스트Ron Rivest, 아디 셰미르Adi Shamir, 레오나르드 아델만Leonard Adleman이라는 3명의 수학자에 의해서 개발되었습니다. 개발된 암호는 세 사람의 이름을 따서 RSA 암호라고 불리는 것으로 현재 인터넷에서 사용되는 공개키 암호의 기본이 되고 있습니다. 이러한 공개키 암호는 현재 단순히 암호 통신에만 사용되는 것이 아니라, 전자 서명, 전자 화폐와 같은 형태로 전자 상거래와 금융 거래 등의 분야에서 다양하게 사용되고 있습니다.

우리는 첫째 날 암호를 암호함수와 관련지어서 생각했습니다. 평문을 암호함수를 통해서 암호문으로 바꾸는 과정을 암호화라고 하였습니다. 또한 암호함수의 역함수를 구해서 그 역함수를 이용하여 암호문을 다시 평문으로 바꾸는 과정을 복호화라고 하였습니다. 암호화는 누구나 하여도 상관없지만, 복호화만은 비밀키를 가진 사람만이 할 수 있어서야 했습니다. 즉 암호함수의 역함수는 누구나 쉽게 구할 수 있으면 안 되었습니다. 이렇게 함숫값을 계산하는 것은암호화 과정 쉽지만, 그 역함숫값을 구하는 것은복호화 과정 어려운 함수를 일방향 함수라고 하였습니다. 그러나 일방향 함수에 대한 어떤 정보를 가지고 있으면 그 함수의 역함수를 구할 수 있는 함수를 트랩 도어 일방향 함수라고 부릅니다. 함정에 빠진 사람은 함정에서 빠져나오기 힘들지만, 함정을 만든, 그래서 함정의 구조를 잘 알고 있는 사람은 쉽게 함정을 빠져 나올 수 있다는 것을 생각해 보면 트랩 도어 일방향 함수를 이해할 수 있을 것입니다.

디피가 찾으려고 하였던 공개키 암호함수가 바로 이러한 트랩 도어 일방향 함수이었습니다. 트랩 도어 일방향 함수를 이용하면 공개키를 통해서 누구나 평문에 대한 암호 함숫값을 계산할 수 있지만, 비밀키를 아는 사람만이 암호함수의 역함수를 계산하여 암호문에 대한 평문을 계산할 수 있습니다.

그러면 이러한 트랩 도어 일방향 함수는 어떤 것이 있을까요? 먼저 앞의 비밀키 암호함수는 트랩 도어 일방향 함수가 아닙니다. 비밀키를 알고 있는 사람만이 역함수를 구할 수 있어서 트랩 도어의 성질은 가지고 있지만, 역시 비밀키를 알고 있는 사람만이 평문에 대한 함숫값을 계산할 수 있어서 일방향 성질을 만족하지 못합니다. 이러한 트랩 도어 일방향 함수를 찾는 문제는 수학에서 매우 어려운 문제입니다. 사실 트랩 도어 일방향 함수가 실제로 존재하느냐의 문제는 아직 풀리지 않은 문제입니다. RSA 암호 함수와 같이 현재 사용되고 있는 모든 트랩 도어 일방향 함수들은 모두 아직 그 트랩 도어 일방향성이 증명되지 않았습니다. 즉 비밀키를 아는 사람만이 암호를 해독할 수 있는지, 아니면 공개키만 알아도 암호를 해독할 수 있는지에 대한 증명은 아직 이루어지지 않았습니다. 이것은 현재 사용하고 있는 공개키 암호가 안전하지 않을 수도 있다는 것을 의미합니다. 즉 시저 암호와 비게네르 암호와 같이 어떤 방법으로 공격이 될 수도 있다는 것입니다. 트랩 도어 일방향 함수를 찾기 위해서는 현대 수학에서도 아직 해결하지 못한 문제들이 필요합니다. 이러한 문제들이 무엇이고, 이 문제들로 어떻게 트랩 도어 일방향 함수를 만들 수 있는지는 다음 시간에 알아보겠습니다.

## 다섯번째 수업 정리

❶ 공개키 암호란 암호문을 만들 때 사용하는 열쇠와 암호문을 복호화할 때 사용하는 열쇠가 다른 암호방법을 말합니다. 암호문을 만들 때 사용하는 열쇠는 누구나 알아도 상관없기 때문에 모두에게 공개하여 공개키라고 부르고, 암호문을 복호화할 때 사용하는 열쇠는 그 공개키를 공개한 사람만이 알아야 되므로 비밀키라고 부릅니다.

❷ 비밀키 암호는 서로 비밀키를 미리 나누어 가지고 있어야만 암호통신을 할 수 있으나, 공개키 암호는 서로 처음 보는 사람과도 암호통신을 가능하게 하는 특징을 가지고 있습니다. 따라서 현대 인터넷 환경에 적합한 암호입니다.

❸ 트랩도어 일방향 함수란 일방향 함수의 성질을 가지고 있지만, 일방향 함수의 특별한 정보를 가지고 있는 사람은 그 역함수를 구할 수 있는 함수를 말합니다.

## 튜링과 함께 하는 쉬는 시간 5

# 전자서명과 인증

암호통신은 비밀키를 공유한 두 사람의 통신이든 공개키에 대응하는 비밀키를 가진 사람에게 하는 통신이든 비밀키의 소유에 대한 믿음을 바탕으로 이루어집니다. 즉 그 사람만이 올바른 비밀키를 알고 있을 것이라는 사실을 바탕으로 하는 것입니다. 이러한 사실은 그 사람이 소유하고 있는 비밀키를 통해서 그 사람 혹은 그 사람이 한 일을 확인할 수 있다는 것을 의미합니다.

우리는 자신이 한 일에 대한 증표를 남기기 위해서 서명이나 자신의 도장을 찍는 일을 합니다. 그 서명이나 도장을 위조하기 힘든 한, 그 서명이나 도장이 들어가 있는 어떤 것이든 모두 그 사람의 것이 되는 것입니다. 그런데 문제는 온라인상에서 어떻게 이러한 일을 할 수 있을까 하는 것입니다. 자신의 서명이나 도장의 그림파일을 같이 동봉하여 보낸다고 하여도 이 그림파

일은 너무나 쉽게 위조할 수 있습니다. 그러나 자신의 비밀키로 암호화하여 보낸다고 하면 그 비밀키를 공유한 사람은 그 비밀키를 가지고 있는 사람에 대해서 그 사람이 한 것이라고 신뢰할 수 있을 것입니다. 이러한 온라인상에서의 서명을 전자서명이라고 합니다.

서명이라고 하는 것은 누구나 그 서명의 진위를 확인할 수 있어야 합니다. 그러나 위의 방법은 비밀키를 공유한 사람만이 할 수 있어 완전한 전자서명이라고 하기에는 무리가 있습니다. 진정한 전자서명은 공개키 암호를 이용한 것입니다. 공개키 암호는 공개키를 이용하여 누구나 암호화할 수 있고, 그 공개키에 대응하는 비밀키를 가진 사람만이 복호화할 수 있습니다. 따라서 A라는 사람이 어떤 문서를 비밀키로 암호화하여 공개하고 그 공개된 문서를 B라는 사람이 그 사람의 공개키로 복호화하여 문서를 확인할 수 있습니다. 이렇게 하면 A의 비밀키는 전세계에서 A만 알고 있으므로 그 문서는 A가 보냈다는 것을 확인할 수 있어 자신이 보내지 않은 데이터라고 부인하는 것을 방지할 수 있습니다. 따라서 이것 또한 전자서명이 됩니다. 실제로 RSA 암호를 이용하면 위와 같은 전자서명을 만들 수 있습니다.

인터넷에서 쉽게 접할 수 있는 인증서는 신뢰할 수 있는 기관에서의 전자서명입니다. 즉 그 기관에서 개인에 대한 증표를 준 것이 인증서입니다. 컴퓨터에 저장된 인증서를 클릭하여 보면 서명알고리즘으로 RSA 암호가 사용되었고, 공개키로 1024비트의 수들이 저장되어 있는 것을 볼 수 있을 것입니다.

# 공개키 암호가 기반을 둔 이산대수문제를 알아봅시다

이산대수문제를 이용하여 트랩 도어 일방향 함수를 찾아봅시다.

## 여섯 번째 학습 목표

1. 이산대수문제에 대해서 알 수 있습니다.
2. 이산대수문제를 기초로 하여 공개키 암호함수인 트랩도어 일방향 함수를 만들 수 있습니다.

### 미리 알면 좋아요

1. **거듭제곱** 어떤 수를 계속 곱해나가는 연산을 말합니다.
   예를 들어, 2의 5 거듭제곱이란 2를 5번 곱해나가는 계산으로 $2\times2\times2\times2\times2=32$가 됩니다. 이 때, $2^5=32$와 같은 표현을 사용합니다.

2. **지수** 어떤 수의 거듭제곱을 할 때, 그 거듭제곱의 횟수를 말합니다.
   예를 들어, 3의 4 거듭제곱은 3을 4번 곱한다는 뜻인데, 이 때의 지수는 4가 됩니다. 일반적으로 $a$의 $b$ 거듭제곱은 $a^b$와 같이 표현하는데, 여기서 $b$를 지수라고 부릅니다.

3. **지수 함수 $a^x$** $x$에 $a$를 $x$번 거듭제곱한 값을 대응하는 함수를 말합니다.
   예를 들어, $f(x)=3^x$라는 지수함수는, $x=1$일 때 3으로, $x=2$일 때 $3^2=9$로 대응하는 함수입니다. 사실은 모든 실수 $x$에 $3^x$값을 대응시킬 수 있습니다.

4. **지수 법칙** 어떤 수를 $n$번 거듭제곱한 후 다시 $m$번 거듭제곱한 값과 같은 수를 $m$번 거듭제곱한 후, $n$번 거듭제곱한 값이 같다는 법칙을 말합니다.
   즉, $(a^n)^m=(a^m)^n$이 됩니다.
   예를 들어, 3의 2 거듭제곱 후, 3 거듭제곱한 값은 $(3^2)^3=9^3=729$이고, 3의 3 거듭제곱 후, 2 거듭제곱한 값은 $(3^3)^2=27^2=729$로 같습니다.

현대 암호인 공개키 암호는 현대 수학에서도 풀지 못한 문제들을 기반으로 만들어졌습니다. 이러한 문제들에 대해서 살펴봅시다. 먼저 디피와 헬먼이 공개키의 개념을 소개할 때 예로 든 것부터 살펴보겠습니다.

우리는 예전에 구구단을 통해 두 수의 곱셈하는 법을 배웠습니다. 이러한 곱셈은 한 번만 하는 것이 아니라 여러번 반복할 수도 있을 것입니다. 다시 말하자면 한 수를 계속 곱해 나간 계산을 할 수 있을 것입니다. 이렇게 한 수를 계속 곱해나가는 것을 거듭제곱을 한다고 부릅니다. 그리고 그 거듭제곱한 횟수를 지수라고 합니다. 예를 들어 $2^n$은 2를 $n$번 곱한 것으로 여기서 지수는 $n$이 됩니다. 우리는 한 수가 주어지면 그 수의 거듭제곱은 곱셈을 반복하여 쉽게 계산할 수 있습니다. 그러나 그 반대는 어떨까요? 즉 $2^n$이 주어져 있을 때, 지수 $n$을 어떻게 구할 수 있을까요?

먼저 $2^{15}$을 계산해 봅시다. 이것은 단순히 2를 15번 곱하면 얻을 수 있습니다. 그러나 $2^{14}=(2^7)^2=128^2$이고, $2^6=(2^3)^2=8^2$이므로 다음과 같이 계산할 수도 있습니다.

$$2 \Rightarrow 2^2=4 \Rightarrow 4\times2=8 \Rightarrow 8^2=64 \Rightarrow 64\times2=128$$
$$\Rightarrow 128^2=16384 \Rightarrow 16384\times2=2^{15}=32768$$

위의 경우 총 6번의 곱셈과 거듭제곱으로 $2^{15}$을 계산할 수 있습니다. 반대로 59049라는 수가 주어져 있습니다. 이 수는 3의 거듭제곱으로 얻어진 수입니다. 그렇다면 이 수의 지수를 구해 봅시다. 3으로 계속 나누어 가는 방법이 있으나 이렇게 나눗셈을 하는 것보다 3의 1제곱, 2제곱, 3제곱 등을 하나씩 해 나가서 59049이 나올 때의 지수를 계산하는 것이 더 효율적일 것입니다. 물론 $3^2=9$로 나누어 보거나, $3^3=27$로 나누어 볼 수도 있을 것입니다. 그러나 이 경우 나누어 떨어질 수도 있고, 나누어 떨어지지 않을 수도 있기 때문에 효율적이지 못합니다.

어떤 수의 거듭제곱은 효율적으로 계산할 수 있는 방법이 있으나, 어떤 수의 지수를 구하는 효율적인 방법은 알려져 있지 않습니다. 이것은 거듭제곱 계산의 일방향성을 의미합니다. 수 $a$와 $n$을 알 때, $a^n$은 효율적으로 계산할 수 있으나, $a$와 $a^n$을 알 때, 지수 $n$을 구하는 것은 쉽지가 않습니다. 이렇게 수 $a$와 $a^n$이 주어져 있을 때, 지수 $n$을 구하는 문제를 이산대수문제라고 합니다.

**이산대수문제**

수 $a$, $a^n$이 주어져 있을 때, 지수 $n$을 구하라.

자연수들의 이산대수문제는 어렵지 않게 해결할 수 있습니다. 왜냐하면 지수함수 $a^x$이 증가함수이기 때문에 적당히 큰 지수 $n_1$을 잡아서 $a^{n_1}$을 계산하고 이것과 $a^n$을 비교하여 작으면 더 큰 $n_2$를 잡아서 $a^{n_2}$를 계산하고 이 수가 만약 $a^n$보다 더 크다면 이번에는 $n_1$과 $n_2$사이의 지수를 잡아 계산해 보면 되기 때문입니다. 이렇게 $a^n$까지 거듭제곱을 모두 계산해 보는 것이 아니라 그 후보들을 점차 줄여나갈 수 있기 때문에 쉽게 지수 $n$을 찾을 수 있습니다.

$$a^{n_1} < a^{n_3} < a^{n_5} < \cdots a^{n} \cdots < a^{n_6} < a^{n_4} < a^{n_2}$$

그러나 거듭제곱 계산에 나머지 연산까지 한다면 문제는 복잡해집니다. 둘째 날과 셋째 날에 배웠던 나머지 연산을 다시 생각해 보며 다음 예를 봅시다.

$7 \equiv 7 \pmod{11}$, $7^2 = 49 \equiv 5 \pmod{11}$,

$7^3 = 343 \equiv 2 \pmod{11}$, $7^4 = 2401 \equiv 3 \pmod{11}$,

$7^5 = 16807 \equiv 10 \pmod{11}$, $7^6 = 117649 \equiv 4 \pmod{11}$,

$7^7 = 823543 \equiv 6 \pmod{11}$, $7^8 = 5764801 \equiv 9 \pmod{11}$,

$7^9 = 40353607 \equiv 8 \pmod{11}$, $7^{10} = 282475249 \equiv 1 \pmod{11}$,

$7^{11} = 1977326743 \equiv 7 \pmod{11}$, $7^{12} = 13841287201 \equiv 5 \pmod{11}$,

$7^{13} = 96889010407 \equiv 2 \pmod{11}$, $7^{14} = 678223072849 \equiv 3 \pmod{11}$

위의 예는 7의 거듭제곱을 한 후, 11에 대한 나머지 계산을 한 것입니다. $7^2$은 49이고 이것을 11로 나눈 나머지는 5이고, $7^3$인 343을 11로 나눈 나머지는 2이므로 위와 같이 계산할 수 있습니다. 그리고 $7^{10}$인 282475249를 11로 나눈 나머지가 1로 나온 후부터는 $7^{11}$을 11로 나눈 나머지는 7, $7^{12}$의 나머지는 5가 나오는 등 나머지 값들이 다시 반복해서 나오는 것을 볼 수 있을 것입니다. 위의 계산값을 그래프로 나타내면 다음과 같습니다.

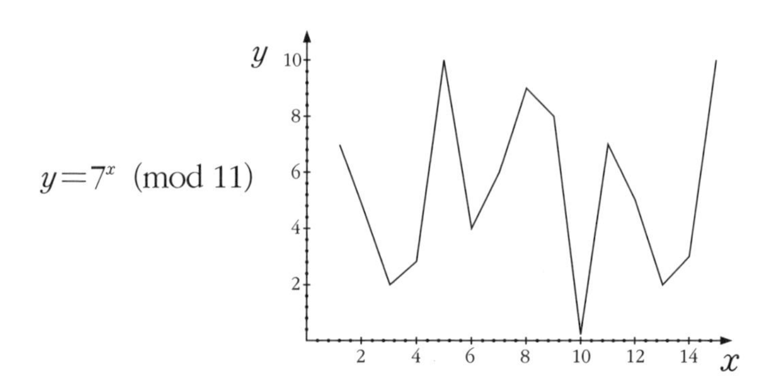


이 그래프를 통해서 알 수 있는 것은 증가함수인 자연수에 대한 지수함수와 달리 거듭제곱을 한 후 나머지 연산을 한 계산 결과는 그 증감을 예측하기 어렵다는 것입니다. 따라서 이 경우 이산대수문제는 더 해결하기 어려워집니다.

**나머지 연산을 가진 이산대수문제**

$a$를 $p$로 나눈 나머지와 $a^n$을 $p$로 나눈 나머지 값이 주어져 있을 때, 지수 $n$을 구하라.

이런 나머지 연산을 가진 이산대수문제는 아직 현대 수학으로도 효율적으로 푸는 방법이 알려져 있지 않습니다. 그러나 주의할 점은 효율적으로 풀지 못한다는 것이지 아예 풀지 못한다는 뜻은 아닙니다. 왜냐하면 충분한 시간과 계산능력이 주어지면 $a$의 거듭제곱을 반복해 나감으로써 지수 $n$을 구할 수 있기 때문입니다. 단지 구해야 할 지수 $n$이 충분히 크다면 이렇게 단순히 거듭제곱을 해 나가는 방법으로는 현실적으로 $n$을 구할 수 없습니다.

실제 이산대수문제에 기반한 공개키 암호는 $a^{2160}$정도 크기의 수로 선택합니다. 이 정도의 수에서 지수 $n$을 구하기 위해서는 현재까지 알려진 방법으로는 약 $2^{80}$정도의 연산을 해야 합니다. 그러면 $2^{80}$번의 연산을 하기 위해서 대략 얼마의 시간이 걸리는지 계산해 보겠습니다. 이것을 현재 많이 사용하고 있는 2GHz의 컴퓨터를 이용하여 계산한다고 해 보겠습니다. 2GHz 컴퓨터가 1초에 약 20억$=2\times10^9$번의 계산을 할 수 있다고 가정해 봅시다. 그러면 1년이면 $60\times60\times24\times365\times2\times10^9$번의 계산을 할 수 있을 것입니다. 이는 약 $2^{56}$번의 계산입니다. 그러면 $2^{80}$번의 계산을 하기 위해서는 약 $2^{24}$년이 필요하게 됩니다. 그런데 $2^{24}$년은 약 $10^7$년으로 1000만년이 필요하다는 계산을 얻게 되는 것입니다. 이 정도의 시간이 필요하다면 이산대수문제는 풀기 어렵다고 받아들일 수 있을 것입니다.

그러나 반대로 지수 $n$을 알 때, $a^n$을 계산하는 것은 이렇게

많은 시간이 필요하지 않습니다. 예를 들어서, 지수 $n$이 $2^{80}$인 $2^{2^{80}}$의 계산은 효율적인 계산방법을 이용하여 약 80번의 곱셈과 제곱연산으로 계산할 수 있습니다. 같은 계산인데 이렇게 엄청난 차이가 나는 이유는 지수 $n$을 모를 경우에 $n$을 찾기 위해서 $2^{80}$번의 모든 계산을 해봐야 하지만 지수 $n$을 알 때는 중간의 많은 계산을 생략할 수 있기 때문입니다. 즉 목표가 분명하면 목적지까지 지름길로 갈 수 있지만, 목표가 분명하지 않으면 모든 길을 다 가 봐야 하기 때문에 시간이 많이 걸리게 됩니다.

그러면 이제 디피와 헬먼이 제시하였던 공개키의 개념을 위의 이산대수문제를 가지고 구현해 보겠습니다. 먼저 찬범이와 벗린이는 각자 비밀스럽게 지수 $n$과 $m$을 정합니다. 이 때, 이산대수문제가 풀리기 어렵도록 큰 수로 정해야 합니다. 다음에 각자 $a^n$과 $a^m$을 계산하여 다른 사람도 알도록 공개를 해 놓습니다. 여기서 지수 $n$과 $m$은 찬범이와 벗린이의 비밀키이고, $a^n$과 $a^m$는 공개키입니다. 이산대수문제는 풀기 어렵기 때문에 공개된 $a^n$과 $a^m$으로 다른 사람들은 비밀키 $n$과 $m$을 구할 수 없습니다. 찬범이와 벗린이가 암호통신을 하기 위해서 비밀키를 공유해야 할 필요가 있을 때, 다음과 같이 간단한 계산을 하면 됩니다. 찬범이는 벗린이의 공개키를 가지고 와서 자신의 비밀키로 $n$제곱을 하고, 벗린이는 찬범이의 공개키를 가지고 와서 자신의 비밀키로 $m$제곱을 합니다. 그러면 지수법칙에 의해 둘은 같은 키 $a^{nm}$을 공유할 수 있게 됩니다.

찬범 : $(a^m)^n = a^{mn}$,　　벗린 : $(a^n)^m = a^{nm}$

같은 키를 공유한 후, 둘은 암호통신을 하기 위해 비게네르 암호같은 비밀키 암호를 사용하면 됩니다.

그러면 이산대수문제를 이용하여 트랩도어 일방향함수를 만들어 보겠습니다. 사실 이것은 엘가말Elgamal이라는 이집트 암호학자가 고안한 것으로 1985년에 발표한 것입니다. 디퍼와 헬먼이 공개키의 개념을 소개한지 9년이 지난 후 나온 결과로써 이산대수문제를 기반으로 한 최초의 트랩도어 일방향함수입니다. 기반하는 문제로 따지자면, 이 함수는 최초의 트랩도어 일방향함수가 아닙니다. 1978년에 나온 RSA함수가 최초의 트랩

도어 일방향함수로 이 RSA함수에 대해서는 다음 시간에 살펴볼 것입니다. 엘가말 함수는 다음과 같습니다.

암호문을 받는 사람의 공개키를 $a$, $a^n$이라고 하고, $k$는 암호문을 보내는 사람이 다른 사람 모르게 임의로 선택한 수라고 하겠습니다. 그러면 다음과 같은 순서쌍은 트랩도어 일방향함수가 됩니다.

$$f(x)=(y_1, y_2)=(a^k, xa^{nk})$$

먼저 이 함수는 공개키 $a$, $a^n$을 아는 사람은 누구나 $f(x)$를 계산할 수 있지만$k$는 마음대로 선택해도 됨, 비밀키 $n$을 모르는 사람은 $f(x)$의 역함수를 구할 수가 없습니다. 즉 $f(x)$만 보고, $x$를 구할 수는 없습니다. 따라서 이 함수는 일방향 성질을 만족합니다. 그러나 비밀키 $n$을 아는 사람은 $k$를 모르더라도 다음과 같이 $(y_1, y_2)=f(x)$의 역함수를 구할 수 있습니다.

$$x=f^{-1}(y_1, y_2)=\frac{y_2}{{y_1}^n}=\frac{xa^{nk}}{(a^k)^n}$$

따라서 이 함수는 트랩도어 성질을 만족합니다. 그러므로 이 함수는 트랩도어 일방향함수가 되고, 또한 공개키 암호함수가 되는 것입니다.

## 여섯번째 수업 정리

❶ 이산대수문제란 두 개의 수 $a$와 $a^n$이 주어져 있을 때, 지수 $n$을 구하는 문제입니다.

❷ 이산대수문제에서 구해야 할 지수 $n$이 매우 크다면, 이산대수문제를 해결하기 위해 엄청난 계산시간이 필요하기 때문에 현실적으로 풀기 어려워집니다.

❸ 지수법칙을 이용하면 비밀키를 공유하지 않은 두 사람도 쉽게 비밀키를 공유할 수 있습니다.

❹ 지수 $n$을 알 때, $n-$거듭제곱하는 것은 이산대수문제를 푸는 것에 비해 매우 쉽기 때문에 이러한 성질을 이용하여 트랩도어 일방향 함수를 만들 수 있습니다.

## 튜링과 함께 하는 쉬는 시간 6

# 전자화폐

일반적으로 물건을 사고 팔기 위해서는 돈을 주고 받으면 되지만, 인터넷상에서 물건을 사고 팔기 위해서는 현재 사용하고 있는 종이돈을 주고 받을 수가 없습니다. 따라서 인터넷에서 종이돈 역할을 하는 것은 문화상품권이나 신용카드 번호입니다. 문화상품권 뒷면에 적혀있는 번호나 신용카드번호가 돈으로써의 역할을 하는 것입니다. 이와 같이 인터넷에서 돈의 역할을 하는 것을 전자화폐라고 부릅니다. 그러나 이러한 전자화폐는 일반적인 종이돈과는 약간 성격이 다릅니다. 종이돈은 완전한 익명성을 제공해 그 돈을 누가, 언제, 어디서 사용했는지 알 수가 없습니다. 그러나 신용카드와 같은 것은 위의 사실을 추적할 수 있습니다. 뿐만 아니라 종이돈은 거스름돈을 주고 받기가 쉬운데, 전자화폐에서는 아직 이러한 것이 불가능합니다.

암호학에서는 위의 기능들을 가지는 전자화폐를 개발, 연구하고 있습니다. 공개키 암호의 특수전자서명과 여러 암호함수들의 성질들을 이용하여 종이돈과 같이 익명성을 보장하고, 거스름돈을 주고 받을 수 있습니다. 또한 종이돈에서는 없는 성질인 불법 자금과 같은 검은 돈에 대해서 필요한 경우 그 돈을 추적할 수 있도록 하는 기능을 가진 전자화폐를 연구하고 있습니다.

곧 종이돈이 세상에서 없어지는 날이 올지도 모르겠습니다. 현재만 보아도 신용카드와 버스카드 등을 이용하면 현금 없이도 생활하는데 전혀 불편함을 느끼지 못합니다. 미래에는 돈이라는 개념이 소유하는 것이 아니라 단순히 난수와 같은 의미 없는 숫자의 개념으로 바뀔 수도 있을 것입니다.

# 공개키 암호가 기반을 둔 소인수분해문제를 알아봅시다

소인수분해문제를 이용하여 트랩 도어 일방향 함수를 찾아 봅시다.

1. 소인수분해문제에 대해서 알 수 있습니다.
2. 소인수분해문제를 기초로 하여 공개키 암호함수인 트랩도어 일방향 함수를 만들 수 있습니다.

## 미리 알면 좋아요

1. 소수 1과 자기자신만을 약수로 가지는 수를 말합니다.
   예를 들어, 2, 3, 5, 7 등은 소수가 됩니다.

2. 서로소 두 수가 공통인 약수를 가지지 않을 때, 두 수를 서로소라고 부릅니다.
   예를 들어, 12와 35는 공통인 약수를 가지지 않으므로 서로소가 됩니다.

3. 오일러 함수 $\phi(n)$ $n$보다 작으면서 $n$과 서로소인 수의 개수를 말합니다.
   예를 들어, $\phi(12)$를 구하기 위해, 12보다 작으면서 12와 서로소인 수들을 구해보면 1, 5, 7, 11로 총 4개가 있어 $\phi(12)=4$가 됩니다.

우리는 숫자 1부터 하나씩 증가하는 수들을 자연수라고 부릅니다. 자연수는 수를 배울 때 가장 먼저 배우는 것으로 인간이 유리수와 무리수, 실수와 같은 수들을 발명하기 전에 제일 먼저 생각해 낸 수입니다. 그만큼 자연수는 우리에게 익숙한 수입니다. 이러한 자연수들 중에서도 자연수의 뼈대가 되는 수들이 있습니다. 바로 소수라고 불리는 수입니다. 소수[9]란 1과 자기 자

**소수** 1과 자기 자신만을 약수로 가지는 수

신만을 약수로 가지는 수입니다. 소인수분해 정리에 의해 모든 자연수들은 이러한 소수들의 곱으로 표현될 수 있습니다. 따라서 우리가 소수에 대해서 모든 것을 안다면, 그것들의 곱셈에 불과한 자연수들의 모든 성질을 알 수 있다고 할 수 있을 것입니다.

그러나 아직도 우리는 소수에 대해서 아는 것이 그리 많지 않습니다. 2, 4, 6과 같이 2로 나누어 떨어지는 수를 짝수라고 부릅니다. 그러면 4=2+2, 6=3+3, …, 24=7+17, …등을 보는 것과 같이 2를 제외한 모든 짝수는 두 소수의 합으로 나타낼 수 있을까요? (3, 5), (11, 13), (17, 19), … 와 같이 차이가 2가 나는 소수쌍을 쌍둥이 소수라고 부릅니다. 그러면 이러한 쌍둥이 소수는 무한히 많을까요? $n^2+1$꼴의 소수는 무한히 많을까요? 이러한 문제들은 모두 아직까지 그 사실이 확인이 되지 못한 문제들입니다.

이러한 문제들 뿐만 아니라, 아직도 소수의 정확한 분포나 소수만을 빠르게 생성하는 방법 등은 알려져 있지 않습니다. 현대 공개키 암호 중 하나는 이러한 소수가 가지고 있는 어려운 문제를 가지고 만들어진 것입니다. 다음의 계산을 살펴봅시다.

$2\times3=6$, $3\times5=15$, $7\times11=77$, $11\times13=143$, $17\times37=629$, ⋯

이러한 두 소수의 곱셈은 굳이 계산기를 사용하지 않더라도 쉽게 할 수 있습니다. 그러나 그 반대는 어떨까요? 즉 어떤 수가 주어져 있을 때, 그 수의 두 약수인 소수를 구하는 것은 곱셈만큼 쉬울까요?

187이라는 두 소수의 곱으로 이루어진 수가 있습니다. 그럼 그 두 소수는 무엇일까요? 이 소수들을 찾는 기본적인 방법은 187보다 작은 소수들을 모두 나열해 놓고 하나씩 나누어 보는 것입니다. 그러나 187은 두 소수의 곱으로 이루어져 있기 때문에 $\sqrt{187}\fallingdotseq14$보다 작은 소수들 중에서 찾으면 됩니다. 즉 2, 3, 5, 7, 11, 13들로 나누어 보면 됩니다. 모두 나누어 보면 11로 나누어 떨어지고 다른 약수인 소수는 17이라는 것을 알 수 있을 것입니다.

이러한 예들을 보면 전날에 했던 이산대수문제와 비슷한 점이 있다는 것을 알게 됩니다. 두 소수의 곱의 계산은 한 번만 곱셈을 하면 되지만, 두 소수의 곱으로 이루어진 수의 두 약수인 소수를 찾기 위해서는 여러 번의 나눗셈이 필요하게 됩니다. 이것 역시 소수 계산의 일방향성을 의미합니다. 더욱이 두 소수가 매우 커진다면 문제는 더 어려워집니다. 우리는 아직도 소수의 완전한 분포를 모르기 때문에 수가 커지면 그것보다 작은 모든 소수들을 찾아서 나열하기도 힘들어집니다. 따라서 다음과 같은 문제는 아직도 풀기 어려운 문제입니다.

**소인수분해 문제**

두 소수인 $p$와 $q$의 곱으로 이루어진 수 $n$이 있을 때, 두 소수 $p$와 $q$를 찾아라. $n=pq \Rightarrow p, q$

이 문제도 이산대수문제와 같이 $n$이 크면 푸는 시간이 매우 많이 걸립니다. 2003년도에 $2^{576}$정도 수의 소수인 약수를 찾는 문제가 해결되었습니다. 2005년도에는 $2^{640}$정도 크기의 수에 대한 소인수분해 문제가 30개의 펜티엄급 컴퓨터를 이용하여 5달 동안 계산을 한 후에 해결이 되었습니다. $2^{640}$이상의 수들에 대한 소인수분해 문제는 아직도 해결 되지 못하고 있습니다.

이러한 소인수분해 문제의 어려움을 기반하고 만들어진 암호 함수가 RSA 함수로 최초의 트랩도어 일방향 함수입니다. 이 함수를 만들기 위해서는 오일러의 정리가 필요합니다.

그러면 다음의 집합을 살펴봅시다.

A={1, 2, 4, 7, 8, 11, 13, 14}

이 집합의 원소는 15보다 작으면서 15와 서로소인 수들의 집합입니다. 즉 15와는 서로 공통의 약수를 가지고 있지 않는 수들의 집합입니다. 이 집합의 재미있는 성질은 어떤 두 원소에 대해서도 두 원소의 곱셈을 15로 나누면, 그 나머지가 다시 위의 집합의 원소가 된다는 것입니다. 15와 서로소인 두 원소를 곱해도 역시 15와 서로소일 것이고, 이것을 15로 나눈 나머지는 15보다 작을 것이기 때문입니다. 이것은 한 원소를 거듭제곱하여도 마찬가지입니다. 다음의 표는 A의 원소를 거듭제곱 한 후, 15에 대한 나머지 연산을 계산한 값입니다.

| $x$ | 1 | 2 | 3 | 4 | 5 | 6 | 7 | 8 | 9 |
|---|---|---|---|---|---|---|---|---|---|
| $2^x$ (mod 15) | 2 | 4 | 8 | 1 | 2 | 4 | 8 | 1 | 2 |
| $4^x$ (mod 15) | 4 | 1 | 4 | 1 | 4 | 1 | 4 | 1 | 4 |
| $7^x$ (mod 15) | 7 | 4 | 13 | 1 | 7 | 4 | 13 | 1 | 7 |
| $8^x$ (mod 15) | 8 | 4 | 2 | 1 | 8 | 4 | 2 | 1 | 8 |
| $11^x$ (mod 15) | 11 | 1 | 11 | 1 | 11 | 1 | 11 | 1 | 11 |
| $13^x$ (mod 15) | 13 | 4 | 7 | 1 | 13 | 4 | 7 | 1 | 13 |
| $14^x$ (mod 15) | 14 | 1 | 14 | 1 | 14 | 1 | 14 | 1 | 14 |

이 표를 보면 나머지 값들도 역시 A의 원소들이 반복해서 나오는 것을 볼 수 있습니다. 이 집합의 또 다른 성질은 모든 원소에 집합의 원소 개수인 8제곱을 한 후, 15로 나눈 나머지 값을 구하면 항상 1이 나온다는 것입니다. 이러한 현상들은 사실은 일반적인 현상들입니다. 즉 $\phi(n)$을 $n$보다 작으면서 서로소인 수들의 개수라고 할 때, 다음이 항상 성립합니다.

**오일러의 정리**

자연수 $a$와 $n$이 서로소일 때, $a^{\phi(n)}$을 $n$으로 나눈 나머지는 항상 1이다. 즉,

$$a^{\phi(n)} \equiv 1 \pmod{n}$$

위의 집합에서 $\phi(15)=8$입니다. 일반적으로 $n$이 두 소수 $p$와 $q$의 곱일 때,

$$\phi(n)=(p-1)(q-1)$$

입니다. 왜냐하면 $n$과 서로소이기 위해서는 $n$의 약수인 $p$와 $q$를 약수로 갖지 않아야 하므로 $p$보다 작고 $p$와 서로소인 수는 1부터 $p-1$이고, $q$보다 작고 $q$와 서로소인 수는 1부터 $q-1$입니다. 따라서 $1, \cdots, (q-1), 2(q-1), 3(q-1), \cdots, (p-1)(q-1)$ 전부 $n$과 서로소인 수입니다. 그러므로 위의 오일러 정리는 $n=pq$일 때, 다음과 같이 다시 쓸 수 있습니다.

$n=pq$, $a$와 $n$이 서로소

$$a^{(p-1)(q-1)} \equiv 1 (\text{mod } n)$$

그러면 오일러의 정리를 가지고 어떻게 트랩도어 일방향 함수를 만들 수 있을까요? 먼저 곱한 후, $(p-1)(q-1)$로 나누면 1이 되는 두 수 $e$, $d$를 찾습니다. 즉

$$ed \equiv 1 \ (\text{mod } (p-1)(q-1))$$

여기서 $n$, $e$는 공개키로써 모두에게 공개하고, $p$, $q$, $d$는 비

밀키로써 자신만 알도록 숨겨 놓습니다. 이 때, 다음의 함수가 바로 트랩도어 일방향 함수가 됩니다.

$$f(x)=x^e \pmod n$$

모든 사람들은 공개된 $n$, $e$의 값을 알기 때문에 $x$에 대한 함숫값 $f(x)$를 위와 같이 계산할 수 있습니다. 그러나 $x^e \pmod n$의 값만 봐서는 $e$, $n$의 값을 알지라도 $x$값을 구할 수 없습니다. 즉 $f(x)$는 일방향 함수가 됩니다. 그러나 비밀키 $d$를 아는 사람은 다음과 같이 $f(x)$로부터 $x$를 구할 수 있습니다.

$$f(x)^d=(x^e)^d=x^{ed}=x^{1+k(p-1)(q-1)}=x \cdot x^{k(p-1)(q-1)}$$
$$\equiv x \cdot 1^k \equiv x \pmod n$$

$ed$는 $(p-1)(q-1)$로 나눠서 나머지가 1이 되므로 $ed=k(p-1)(q-1)+1$과 같이 나타낼 수 있을 것입니다. 또한 위에서 배운 오일러의 정리에 의해서 $x^{(p-1)(q-1)}$을 $n$으로 나눈 나머지는 1이 될 것이고, $x^{k(p-1)(q-1)}=(x^{(p-1)(q-1)})^k$이므로 $x^{k(p-1)(q-1)}$

의 나머지도 역시 1이 될 것입니다. 따라서 위의 함수의 트랩도어 성질이 만족되는 것입니다.

그런데 만약 소인수분해문제가 쉽게 풀린다면 이 함수는 더 이상 트랩도어 일방향 함수가 아닙니다. 왜냐하면 공개된 $n$으로부터 소인수분해를 하여 두 소수 $p$, $q$를 구하게 되면 $(p-1)(q-1)$값도 쉽게 계산할 수 있게 되기 때문입니다. $e$와 $d$는 $ed \equiv 1 \pmod{(p-1)(q-1)}$을 만족하는 수이고, $e$와 $(p-1)(q-1)$의 값은 알고 있으므로 비밀키 $d$ 역시 쉽게 구할 수 있습니다. 따라서 함수의 일방향 성질이 만족하지 않게 됩니다. 즉 이 함수의 트랩도어 일방향 성질은 소인수분해문제의 어려움에 기반하고 있는 것입니다.

이 함수를 만든 세 사람RSA은 위와 같은 이유로 홈페이지에 큰 수를 제시해 놓고, 그 수의 인수분해를 성공하는 사람에게 상금을 부여하고 있습니다. 지금까지 $2^{640}$정도의 수에 대한 인수분해문제가 해결되었다는 것은 위에서 언급하였고, 만약 $2^{2048}$정도의 수에 대한 인수분해에 성공하는 사람은 20만 달러의 상금을 받게 될 것입니다.

그러면 실제 위의 RSA 암호함수를 만들어 보겠습니다. 먼저 두 소수를 택합니다. 원래는 매우 큰 소수를 택해야 하지만 $2^{512}$정도 크기, 간단한 설명을 위하여 작은 두 소수 17과 19를 택하겠습니다. 그러면 $n$은 두 수의 곱, 323이 될 것입니다. 다음으로

$(17-1)\times(19-1)$로 나누었을 때, 나머지가 1이 되는 두 수 $e$, $d$를 찾아야 합니다. $(17-1)\times(19-1)=288$이므로 $e=5$, $d=173$으로 택하면 $e$, $d$의 곱 865는 288으로 나누었을 때, 나머지가 1이 나오게 됩니다. 여기서 $e$의 값 5와 $n$의 값 323은 다른 사람에게 공개를 하고, $d$의 값 173과 두 소수 17과 19는 비밀로 간직합니다.

$p=17$, $q=19$, $n=17\times19=323$

$e=5$, $d=173$

$ed=865\equiv1 \pmod{16\cdot18}$

공개 : $n=323$, $e=5$ 비밀 : $p=17$, $q=19$, $d=173$

만약 위의 공개키를 공개한 사람에게 '130'이란 평문을 보내고 싶은 사람은 공개된 $n$과 $e$를 이용하여 다음의 계산값 61을 보냅니다.

$130^5\equiv61 \pmod{323}$

그러면 61을 받은 사람은 자신의 비밀키 173을 이용하여 다음을 계산합니다.

$61^{173} \equiv 130 \pmod{323}$

즉 평문 130을 얻게 되는 것입니다.

평문 $x$의 암호화 : $x^5 \pmod{323}$

암호문 $y$의 복호화 : $y^{173} \pmod{323}$

## 일곱번째 수업 정리

❶ 소인수분해 문제란 두 소수의 곱으로 이루어진 수 $n$에서 각각의 소수를 찾는 문제입니다.

❷ 일반적으로 소인수분해문제에서 두 소수가 매우 크다면 현실적으로 두 소수를 찾는 것은 불가능합니다.

❸ 두 소수의 곱의 계산은 소인수분해하는 계산보다 매우 쉽기 때문에 이러한 성질은 트랩도어 일방향 함수를 만드는데 이용될 수 있습니다.

## 튜링과 함께 하는 쉬는 시간 7

# 확률적 소수 생성

RSA 암호를 안전하게 사용하기 위해서 두 소수의 곱인 $n$을 $2^{1024}$정도의 수로 사용해야 합니다. 따라서 $2^{512}$정도 크기의 두 소수를 찾아야 하는데 이러한 큰 소수를 찾는 일도 쉬운 일이 아닙니다. 일반적으로 큰 소수를 찾는 방법은 다음과 같습니다.

단계 1. 소수들의 후보들을 찾는다.
단계 2. 위의 후보들을 가지고 소수 판정 테스트를 한다.
단계 3. 소수 판정 테스트가 실패하면 다시 단계 1로 돌아가고, 아니면 소수를 낸다.

소수 판정 테스트에는 여러 가지 방법이 있으나, 속도가 빠른 확률적 소수 판정 테스트를 많이 이용합니다. 확률적 소수 판정 테스트란 어떤 수의 테스트 결과가 합성수라고 나오면, 그 수는 합성수이고, 만약 소수라는 결과가 나오면 그 수는 확률적 소수라는 결론을 낼 수 있는 테스트입니다. 즉 이 테스트를 통해서 소수를 얻었을지라도 그 소수가 실제로는 어떤 확률로 합성수일 수도 있다는 뜻입니다. 그러나 그러한 확률은 매우 적기 때문에 확률적 소수는 대부분 실제 소수입니다. 예를 들어서 위의 확률적 테스트로 어떤 수 $n$을 $t$번 테스트 한다고 하면, $n$이 실제 합성수인데도, 소수라고 결과가 나올 확률은 $\frac{1}{2^t}$입니다. 즉 $t=20$ 정도만 되어도 $\frac{1}{2^{20}} \fallingdotseq 10^{-6}$로 그 확률은 매우 희박하다고 할 수 있을 것입니다.

2002년도에 인도사람들에 의해 다항식 시간을 갖는 확정적 소수 테스트가 최초로 개발이 되어서 세계의 주목을 받은 적이 있습니다. 이 테스트는 확률적 테스트가 아니라 100%의 신뢰를 갖는 테스트입니다. 비록 확률적 소수 판정 테스트보다 속도는 느리지만, 오랜 동안 미해결로 남아있던 문제를 해결했다는 점에서 큰 의의를 갖는 테스트입니다.

# 영지식Zero-Knowledge에 대해서 알아봅시다

영지식 증명은 어떻게 할 수 있는지 알아봅시다.

1. 영지식에 대하여 알 수 있습니다.
2. 영지식 증명과 수학적 증명의 차이를 알 수 있습니다.

## 미리 알면 좋아요

1. **확률** 어떤 특정사건이 일어날 확률이란 그 특정사건이 일어날 경우의 수를 모든 사건의 경우의 수로 나눈 값을 말합니다.
   예를 들어, 주사위를 던져서 3의 눈이 나올 확률은 나올 수 있는 모든 눈의 개수가 6이고, 3의 눈이 나오는 경우의 수는 한 가지 뿐이므로 이 때의 확률은 $\frac{1}{6}$이 됩니다.

2. **명제** 참과 거짓을 판별할 수 있는 문장을 말합니다.
   예를 들어, '한국의 수도는 서울이다'라는 문장은 참인 문장이므로 명제라고 할 수 있습니다. 그러나 '제일 재미있는 스포츠는 야구다'라는 문장은 그 참과 거짓을 판별할 수 없기 때문에 명제라고 할 수 없습니다.

3. **증명** 자신의 주장을 다른 사람이 인정할 수 있게 논리적으로 설득하는 과정을 말합니다.
   예를 들어, '모든 짝수 더하기 짝수는 짝수다'라는 주장을 증명해 보면, 짝수는 2를 약수로 가지므로 $2n$꼴로 쓸 수 있을 것입니다. 따라서 두 짝수의 합은 $2n+2m=2(n+m)$과 같이 쓸 수 있으므로 짝수의 합은 항상 짝수라고 할 수 있습니다.

암호란 어떤 정보를 받기 원하는 사람에게 비밀스럽게 보내는 방법을 말하는 것입니다. 즉, 다른 사람은 믿을 수 없지만, 최소한 그 정보를 받는 사람은 신뢰할 수 있는 사람입니다. 그러나 만약 정보를 받는 사람도 믿을 수 없는 경우에는 어떻게 해야 할까요? 우리는 믿을 수 없는 사람에게 어떤 정보를 보내야 하거나 내가 그 정보를 알고 있다는 것을 알려주어야 하는 경우가 있습니다. 예를 들어서 어떤 발견 혹은 발명한 것을 그

냥 다른 사람에게 알려주었을 때, 그 사람이 마치 자신의 결과인 것처럼 행동한다면 그동안의 노력이 모두 다른 사람에게 넘어갈 수도 있을 것입니다. 또는 어떤 정보를 다른 사람에게 팔기를 원할 때, 두 사람의 관계가 서로 신뢰할 수 없는 사이라면 곤란할 일이 생길 수 있습니다. 정보를 받기 원하는 사람은 상대방이 정말로 그 정보를 가지고 있는지 믿을 수 없고, 정보를 팔기 원하는 사람은 그냥 상대방에게 정보를 보냈을 때, 정보만 받고 어떤 대가를 지불하지 않을 수도 있기 때문입니다. 이러한 경우의 해결방안으로 제안된 것이 영지식 증명Zero-Knowledge proof입니다.

영지식 증명이란 자신이 가진 정보를 조금도 드러내지 않고, 다른 사람에게 그 정보를 가지고 있다는 것을 증명하는 것을 말합니다. 어떻게 이런 일이 가능한지 다음의 예를 살펴봅시다.

튜링은 소설 '보물섬'의 패러디를 학생들에게 들려주기 시작합니다.

짐 호킨즈라는 소년은 자신의 여관에 투숙하다 죽은 해적선의 부선장 빌리 본즈의 유품을 정리하던 중 우연히 보물의 위치가 표시된 보물지도를 얻게 되었습니다. 그러나 이 지도를 가지고 실제로 보물을 찾으러 가기에는 여러 가지 어려움이 있어 짐은 그 지도를 팔기로 결정하였습니다. 이 지도를 판다는 광고를 낸 후, 얼마 지나서 어떤 한 사람이 이 지도에 대해서 관심을 보였습니다. 그러나 문제는 그 사람이 먼저 그 보물지도를 보여달라는 것이었습니다. 이것은 짐에게 정말 난감한 일이었습니다. 보물지도를 먼저 보여주면 그것을 사려는 사람이 그냥 보물의 위치를 보고 그 지도 없이도 보물을 찾을 것이고, 만약 보물지도를 보여주지 않으면 그 사람은 자신이 진짜 보물지도를 가지고 있는지 의심할 것이기 때문입니다. 어떻게 하면 이 난감한 상황을 해결할 수 있을까요?

이 문제를 해결하는 방법은 다음과 같습니다. 먼저 지도보다 매우 큰 검은 보자기를 준비합니다. 그리고 그 보자기에 작은 구멍을 하나 뚫어 그 지도를 사려는 사람에게 준비한 보자기를 씌운 지도를 보여 줍니다. 그리고 그 구멍을 통해 보물의 위치만 보여 주는 것입니다. 사려고 하는 사람이 그래도 의심하면 역시 그 보자기를 움직여서 지도의 다른 중요한 부분들을 보여주면 됩니다. 여기서 중요한 것은 보자기의 크기입니다. 만일 보자기의 크기가 지도의 크기와 비슷하다면 사려는 사람은 보물의 위치를 대충 짐작할 수도 있을 것입니다. 그러나 보자기의 크기가 지도보다 매우 크다면 그 사람은 보물지도의 크기도 예측할 수 없기 때문에 보물의 위치가 전체적으로 어디에 위치하는지 알 수 없을 것입니다.

위의 상황에서 보물지도를 가진 사람은 보물지도의 완전한 정보 없이 자신이 보물지도를 가지고 있다는 것을 보여 주었습

니다. 즉 자신이 가진 정보의 존재성만을 상대방에게 확신시키면서 그 정보는 전혀 드러내지 않았습니다. 이러한 방법이 바로 영지식 증명입니다. 또 다른 예를 보겠습니다.

튜링은 이번에는 소설 '알리바바와 40인의 도둑' 패러디를 학생들에게 들려주기 시작합니다.

알리바바는 여러 마을을 떨게 했던 도둑들의 뒤를 쫓아서 보물을 숨겨놓은 동굴 앞까지 도달하게 되었습니다. 도둑들은 동굴 안으로 들어갔고, 곧 두 갈래의 길이 나왔습니다. 두 갈래 중 어느 한쪽으로 계속 들어가자 이번에는 커다란 문이 나왔습니다. 도둑 중 한 명이 앞에 서서 "열려라 참깨"라고 외치자 그 문이 열리고 도둑들은 모두 그들의 아지트로 들어갔습니다. 이제 알리바바는 도둑들이 숨겨 놓은 동굴의 위치와 동굴 안 보물을 숨겨놓은 곳의 문을 열 수 있는 비밀암호를 알게 된 것입니다. 알리바바는 그 보물을 모두 가질 수 있지만, 자신의 힘으로 이 보물을 모두 옮길 수 없어서 이 정보를 다른 사람에게 팔기로 마음먹었습니다. 그러나 문제는 "열려라 참깨"라는 비밀암호를 다른 사람에게 먼저 말하면 그 사람은 굳이 그 정보를 살 필요가 없어지는 것입니다. 또한 이런 것 없이 다른 사람에게 자신이 이러한 정보를 가지고 있다는 것을 확신시키는 일도 어려운 일이었습니다. 과연 어떻게 하면 알리바바는 자신의 정보를 알려주는 것 없이 다른 사람에게 동굴의 비밀암호를 알고 있다는 것을 확신시킬 수 있을까요? 참고로 동굴의 구조는 동굴 안으로 들어가면 두 갈래의 길이 나오고, 두 갈래 중 어느 길로 가도 가운데 도둑의 아지트와 만나게 되는 구조입니다. 또한 비밀암호로 그곳에 들어가면, 나올 때 두 갈래의 길 중 어느 쪽으로도 나올 수 있습니다.

위의 문제의 해답은 다음과 같습니다. 그 정보를 사고자 하는 상인은 다음과 같은 단계의 절차를 진행합니다.

단계 1 : 알리바바는 동굴 안으로 들어가고 갈림길이 있는 곳까지 간다.

단계 2 : 알리바바는 A나 B쪽으로 들어간다.

단계 3 : 상인이 동굴 안 갈림길 있는 곳까지 간다.

단계 4 : 상인은 알리바바에게 A 혹은 B쪽으로 나오도록 요구한다.

단계 5 : 알리바바는 비밀암호를 이용하여 상인이 원하는 쪽으로 나온다.

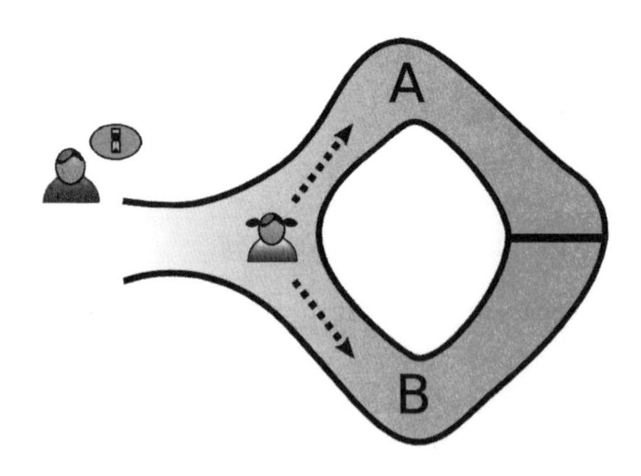

과연 이렇게 해서 알리바바가 도둑들의 비밀암호를 안다는 것을 확신할 수 있을까요? 먼저 알리바바가 정말로 비밀암호를 안다면 정보를 사고자 하는 사람의 요구대로 원하는 쪽으로 나올 수 있을 것입니다. 그러나 비밀암호를 모른다고 하여도 사실은 $\frac{1}{2}$의 확률로 그 사람이 원하는 길로 나올 수 있습니다. 왜냐하면 알리바바는 그 사람이 요구하는 쪽의 길을 예측하여 미리 그 길 안으로 가 있다 다시 나오면 되기 때문입니다. 즉 알리바바는 비밀암호를 모르고도 $\frac{1}{2}$의 확률로 그 사람이 요구하는 방향을 맞출 수 있습니다. 그러나 이런 과정을 한 번 더 한다면 어떻게 될까요? 알리바바가 두 번째에도 방향을 맞출 확률은 $\frac{1}{2}$로 두 번 연속으로 맞출 확률은 $\frac{1}{2}\times\frac{1}{2}=\frac{1}{4}$이 되는 것입니다. 따라서 이런 과정을 10번만 반복한다 하여도 알리바바가 모두 길의 방향을 맞출 확률은 $\frac{1}{2^{10}}=\frac{1}{1024}\fallingdotseq 0.001$로 매우 작아집니다. 따라서 이런 과정을 거쳐서 시험에 통과한다면 알리바바가 정말로 도둑들의 비밀암호를 알고 있다고 확신을 하여도 무리는 아닐 것입니다. 이 때도 물론 알리바바는 자신이 알고 있는 비밀암호를 사고자 하는 사람에게 전혀 드러내지 않았습니다.

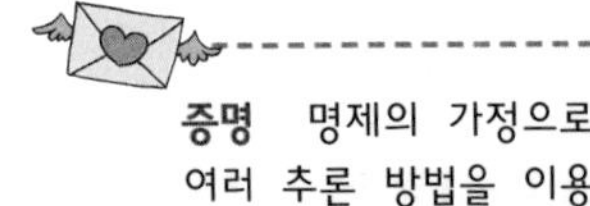

**증명** 명제의 가정으로부터 여러 추론 방법을 이용하여 참인 명제들을 나열해 명제의 결론을 이끌어 내는 것

우리가 보통 증명[10]이라고 하면, 명제의 가정으로부터 여러 추론 방법을 이용하여 여러 참인 명제들로 명제의 결론을 이끌어 내는 것이라고 생각하기 쉽습니다. 그러나 실제 생활에서의 증명은 이런 수학적인 증명보다 더 넓은 범위의 의미로 사용되어집니다. 예를 들어 어떤 범인의 죄를 밝히기 위해서 여러 가지 증거를 제시하는 것은 증명으로 받아들여집니다. 법정에서 검사는 죄인의 죄를 입증하기 위해서 심문과 같은 증명과정을 거치고 변호사는 자신의 의뢰인의 무죄를 입증하기 위해 변론과 같은 증명과정을 진행합니다. 이러한 넓은 의미에서의 증명의 일종인 영지식 증명과 수학적 증명은 다음과 같은 유사점과 차이점을 갖습니다.

**유사점**

1) 증명해야 할 명확한 명제를 가지고 있다.

2) 다른 사람을 확신시키거나 설득시키겠다는 목적이 같다.

3) 증명과정에서 수학적 방법이 이용된다.

**차이점**

1) 수학적 증명은 증명해야 하는 것이 명제이지만, 영지식 증명은 "나는 어떤 사실을 알고 있다", 혹은 "나는 어떤 정보를 가지고 있다"와 같은 어떤 명제의 소유 사실에 대한 명제이다.
2) 수학적 증명은 증명과정에서 증명해야 할 명제가 드러나지만, 영지식 증명은 드러나면 안 된다.
3) 수학적 증명의 과정은 혼자서 이루어지나, 영지식 증명은 다른 사람과의 대화나 도움을 통해서 이루어진다.
4) 수학적 증명은 증명과정이 옳다면 그 명제는 참인 명제이지만, 영지식 증명에서는 증명이 옳다고 하여도 그 명제가 반드시 참은 아니다. 즉 확률적인 오류를 가지고 있다.

실제 생활에서는 수학적인 증명보다 더 넓은 범위의 증명이 많이 이용되지만, 다른 사람을 확신시키고 설득시키기 위해서는 수학과 같은 논리적이고 합리적인 방법을 이용해야 합니다. 터무니 없는 방법으로 다른 사람을 설득시킬 수는 없기 때문에 수학적인 증명 연습을 해야 하는 겁니다.

이러한 영지식 증명은 1985년 골드바쎄르Goldwasser, 미칼리Micali, 라코프Rackoff 세 분에 의해 처음으로 제안되어서 신원확인과 같은 인증이나 다자간 계산 같은 암호학의 많은 분야에서 사용되고 있습니다.

## 여덟번째 수업 정리

❶ 영지식 증명이란 자신이 어떤 정보를 가지고 있다는 사실을 상대방에게 그 정보의 모든 것을 드러내지 않고 증명하는 방법을 말합니다.

❷ 수학적 증명이란 명제의 가정으로부터 유효한 추론방법을 사용하여 명제의 결론을 이끌어 내는 과정을 말합니다.

❸ 수학적 증명은 한 개인의 논리적 전개로 이루어지는 반면, 영지식 증명은 상대방의 도움으로 이루어집니다.

❹ 수학적 증명은 그 증명이 맞는다면 그 명제는 항상 참이라고 말할 수 있지만, 영지식 증명은 증명이 맞더라도 실제 그 사람이 증명한 정보를 가지고 있지 않을 수도 있습니다.

## 튜링과 함께 하는 쉬는 시간 8

# 유비쿼터스 세상

유비쿼터스[11]란 '언제 어디에나 존재한다'는 뜻의 라틴어로 인간이 언제 어디서든 자유롭게 정보를 주고 받을 수 있는 정보통신 환경을 뜻하는 말로 현재 통용되고 있습니다. 이와 같은 일은 센서 네트워크라는 기술로 조금씩 실현되고 있습니다. 센서 네트워크란 주변 환경을 감지하는 센싱능력, 간단한 계산능력, 무선 통신 능력을 가진 작은 칩을 원하는 사물이나 환경에 부착하거나 뿌림으로써, 사물의 식별 정보나 주변 환경의 관찰 정보를 네트워크를 통해서 쉽게 습득, 관리하는 기술을 말합니다. 이러한 센서 네트워크를 통해서 인간은 인간뿐만 아니라, 주위의 사물들과도 자유롭게 통신할 수 있게 되는 것입니다.

[11] **유비쿼터스** "언제 어디에나 존재한다"는 뜻의 라틴어로 인간이 언제 어디서든 자유롭게 정보를 주고 받을 수 있는 정보통신환경을 뜻하는 말

예를 들어서 집안에 센서 네트워크를 구성한다면, 가족들의 체온과 몸 상태 등을 칩이 스스로 감지하여 가족들의 상태에 맞는 최적의 집안 환경을 구축하도록 할 수 있게 할 것입니다. 만약 모든 자동차들과 도로에 이런 센서 네트워크 기술이 적용된다면, 자동차와 도로들이 스스로 정보를 주고 받아 자동차 사고를 예방한다거나 최적의 길을 찾는 것과 같은 일을 할 수 있을 것입니다. 게다가 화산이나 지진과 같은 위험한 환경지역에는 이런 센서 네트워크를 통해서 환경의 변화 정보를 인간이 쉽게 습득, 관리할 수 있을 것입니다. 따라서 이러한 센서 네트워크 기술로 인해 인간은 더욱더 편리한 생활을 할 수 있게 될 것입니다.

센서 네트워크 기술을 통해서 인간이 언제 어디서든 다양한 정보를 쉽게 얻을 수 있다는 장점이 있는 반면 정보들이 왜곡되거나 나쁜 목적으로 사용되어 인간에게 심각한 상황을 일으킬 수도 있습니다. 예를 들어서 개인의 신상 정보들이 다른 사람에게 유출된다거나 나쁜 목적을 가진 사람들에게 개인의 신체 정보가 변형되거나 주위 환경의 정보가 조작되어 전달된다면 개인과 사회에 심각한 문제를 일으킬 수도 있을 것입니다. 따라서 이러한 일들을 막기 위해서 센서 네트워크에서도 정보보호를 위한 암호기술들이 접목되는 것이 필요합니다.

현재의 기술로는 아직 완벽한 센서 네트워크를 구축하는 것은 어렵지만, 멀지 않은 미래에 인간과 자연이 자유롭게 통신하는 세상이 펼쳐질 것이라는 것은 더 이상 꿈만은 아닐 것입니다.